NATURKUNDEN

启
蛰

探索未知的世界

文艺复兴的建筑艺术

[法] 贝特朗·热斯塔兹　著

王海洲　译　曹德明　校

北 京 出 版 集 团

北 京 出 版 社

如果说有一座建筑能概括

文艺复兴时期建筑艺术的话，

那就是罗马的圣彼得大教堂了。

1505 年由尤利乌斯二世提出的重建计划

直至该世纪末方得以完成。

而且这一方案先后由伯拉孟特、拉斐尔、

安东尼奥·达·圣加洛、米开朗琪罗和

贾科莫·德拉·波尔塔等人参与。

对于他们所有的人来说，

这项工程提出了建筑艺术中的一个重要问题，

即集中式形制和穹顶，

他们设想的各种不同的解决方案都堪称杰作。

圣加洛的巨大模型就是一大见证，

它长达 7 米多、宽 6 米、高近 5 米，

令人叹为观止。

目 录

文艺复兴诞生在意大利，而后传遍欧洲所有的国家，从古代艺术中汲取源泉的文艺复兴风格取代了中世纪最后几百年来被奉为经典的哥特式风格，如此具有革命性的演变实属罕见。

第一章
回归古代风格

如果说在佛罗伦萨引发了艺术和建筑的复兴，那么提供古代建筑艺术范例（左页图，古罗马城市广场）的就是罗马了，而且由于伯拉孟特、圣加洛和米开朗琪罗等的贡献，文艺复兴的风格也在罗马达到了其巅峰。

在意大利，哥特式艺术并未取得像在法国一样的成功。意大利的教堂并不高，如佛罗伦萨的新圣马利亚教堂（左图），而且较为阴暗。由于人们没有将重量转移到柱子上，从而未在隔墙上开窗采光。维拉尔·德·奥内库尔的建筑图（下图）中展现的平衡体系也很少得到运用。另外，自15世纪起，意大利人非常反对墙垛上的小尖塔建筑，因为这会使柱子承受更大的重量：他们将其视为野蛮的"哥特式"的装饰。

哥特式风格的技术依据

从一项工程技术就可说明哥特式建筑的特征——尖形拱穹。这一技术导致了哥特式建筑的其他显著特征，同样也由此体现了哥特式建筑的艺术价值：尖顶拱，承重能力比半圆拱腹更强；重量转移至几个加固的地方（扶垛、拱扶垛），由此就有可能在这些支撑物之间的墙壁上开窗，以利采光及装配玻璃；直冲云霄的构造提升了建筑高度，从而扩展了内部空间。墙体的减轻和高度的提升得以实现，于是人们不断地追求这两方面的突破，直到惊人的事故发生后这一股狂热才有所降温，然而这类建筑的原则依然没有受到质疑。可见，一种技术的风格决定了人们的喜好并建立了美的新标准。

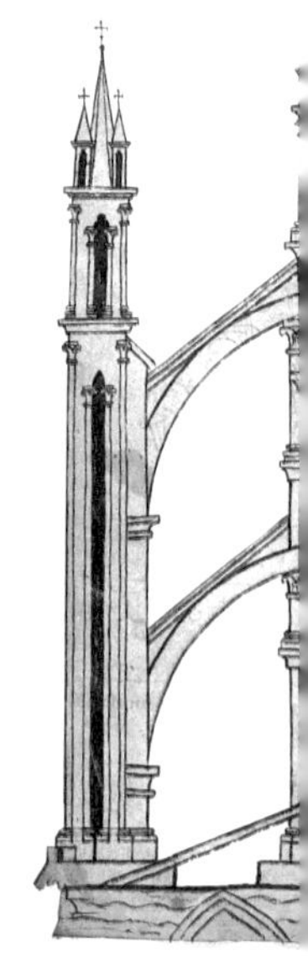

风格的回归

文艺复兴则是一个相反的过程：风格不再依赖于技术条件，而是建立在一些高等美学原理、一些抽象概念——对称、比例，以及一门词汇句法严格规范的语言——次序系统——的基础上。文艺复兴遵循这些原则，将美观置于首位，不再考虑其他因素，不再采用尖顶拱，重新运用半圆拱。因其被认为图案更纯粹，柱间只允许使用水平下楣。文艺复兴舍弃了中世纪工匠的做法：重新运用筒形拱顶，回归到建筑的静态构思，这种构思中砖石构造只有垂直向上，不再转移重量——对于这样的承重方式重新给予了肯定；文艺复兴不再允许有任何夸张的表现手法，如内部空间的过度提升、隔墙的削弱、开窗采光——当然这样的做法很快导致了彩绘大玻璃窗的衰落。在这个意义上，文艺复兴是一次真正的倒退。

在意大利，人们对于古典形式的兴趣是如此深厚，以至于画家们甚至在它们被普遍应用于建筑实践之前就已经采用了。例如贝诺佐·戈佐利（1420—1497），这位二流画师在圣吉米纳诺的一幅壁画（1465年，左下图）中就已表现了一座古代艺术新形式的主祭坛华盖：华盖由壁柱支撑，以半圆拱相连，拱上墙角石饰以飞翔的天使来模仿古代艺术中的胜利女神，并被冠以古典式盖顶，其檐壁饰以垂花饰和牧羊头像；在其内部，没有盖以拱顶，而覆以藻井天花。

哥特式的衰落

文艺复兴并没有意识到这一点，因为它彻底否定了中世纪最后的风格，用瓦萨里的话来说，文艺复兴在这种风格中只看到一些“可以冠以混乱、杂乱之名的巨大而野蛮”的作品，“层层叠叠的糟糕的小建筑”，一大堆“夺去了建筑物所有比例”的装饰物；是那些日耳曼蛮族，那些哥特人，“将这些该死的建筑物遍布了意大利”，用于描述这种风格的形容词就由此而来。为了摆脱这些糟糕的做法，建筑师们纷纷求助于古人，也就是说，求助于尚存的古代建筑。

对于罗曼艺术的兴趣

佛罗伦萨的罗曼风格建筑物保留了古代建筑的形式，从而成为建筑师最早的灵感源泉。在这些建筑之中，山上的圣米尼亚托教堂的立面（12 世纪，上图）因其和谐的几何图案构造、半圆拱、主立面和几何图案装饰而令人赞叹不已。

复古运动诞生于一个没有任何历史古迹的城市——佛罗伦萨。这一事实可能被认为很矛盾，但同时它也实实在在地提醒了人们：艺术并不依赖于机遇。布鲁内莱斯基和最先支持文艺复兴的佛罗伦萨人首先研究了罗曼艺术建筑物，他们从这些建筑物中对于古代艺术的原则和形式产生了共鸣，这并非毫无理由：圣米尼亚托教堂拥有和谐的正面，特别是那备受推崇的圣洗堂，其集中式形制、几何图案装饰和镶嵌艺术直至 18 世纪还让人以为它是一座古代建筑。而圣洗堂也证实了弗朗切斯科·德拉·卢纳对于布鲁内

莱斯基的育婴堂正面设计方案的修改，因为我们可以看到柱顶盘下楣的直角装饰线脚是垂直方向的。然而布鲁内莱斯基在圣洗堂青铜门竞标中（1401 年）败于吉贝尔蒂之后，就与多纳太罗相伴而行到罗马去研究古代建筑了，从此这一做法也就成为培养建筑师不可或缺的一步。

八边形集中式形制的佛罗伦萨圣洗堂（左图），被认为是一座古代庙宇。我们可以发现其柱顶盘的下楣——古代建筑中的水平构件——被转为垂直方向，这一点可用来证明育婴堂正面的反常手法（下图）。下方为五位文艺复兴的奠基人：乔托、乌切洛、多纳太罗、马内托·恰凯里和布鲁内莱斯基。

罗马古代建筑

事实上，罗马仍保留着大量的古代建筑，这些古代建筑后来都成为新建筑的重要范例。其中堪称首位的是万神庙，因为后来被改作圣马利亚殉教者教堂，所以是唯一一座未塌毁的古建筑物；它是古代门廊—— 一个支撑着三角楣的巨型柱廊和理想的集中式布局、一座盖以圆顶的圆形建筑的经典范例（古罗马的圆形剧场，第七区）。

一座坐落在帕拉蒂诺山边缘的三层建筑（毁于 16 世纪末），以及规模略小一点的马塞勒斯剧场均是世俗建筑中柱式叠合的典范之作。而研究柱式叠合的建筑也可以

SEVERO PIO
PARTHICO ARABICO ET
TRIBUNIC POTEST XI
POPULI ROMANI

古罗马城市广场是每一位游览者的必到之地。克洛德·洛兰于 17 世纪中期详细描绘了广场的建筑物。该画面是从卡皮托利山的山坡上所见到的景色，前景左方是塞普蒂姆·塞韦尔拱门，在称为米利斯的中世纪城楼的俯视之下略有点失真（事实上，这座耸立于图拉真广场之上的城楼还要靠左一点）；其次是安托南和福斯蒂恩神庙的柱廊，在它上方是马克桑斯长方形大教堂和君士坦丁长方形大教堂的大拱顶；远处左方是圆形剧场的大体轮廓，右方是被寄生建筑包围着的泰特斯拱门。地面上散落着一些柱身和柱头。

通过古罗马城市广场的庙宇废墟来进行，但重点是放在柱头和柱顶盘的细部，而非其比例，因为其基脚还深深地埋于土中。塞普蒂姆·塞韦尔拱门和泰特斯拱门对于所有的城门或大建筑正门都有参考价值。于 16 世纪逐渐发现的戴克里先浴场和卡瑞卡拉浴场以及古罗马城市广场上的马克桑斯长方形大教堂都向我们揭示了古代建筑中相当精妙的布局，将完全对称安排的不同形状的小间与覆以巨型拱顶的巨大的内部空间结合在了一起。如君士坦丁长方形大教堂，以及毁于 16 世纪初的古代圣彼得教堂，让人回想起长方形大教堂的高贵风格——中殿或中庭中美丽的长柱廊。在罗马的乡村和阿

古罗马圆形剧场（上图）是一座三种柱式支柱组成的三层连拱廊建筑。由塞普蒂姆·塞韦尔建造于帕拉坦山脚下的第七区（左图），与皇宫一样高大，在 1585 年至 1590 年间被西斯克特五世所毁，在此之前，艺术家们曾研究过它的柱式叠合。哈德良的万神庙（下图）因其平面与藻井圆顶而成为集中式形制的典范。

皮亚大道两旁集中式形制的各种坟墓比比皆是。罗马城在 15 世纪启发了第一批投身于文艺复兴的托斯卡纳人——布鲁内莱斯基、弗朗切斯科·达尔·博尔戈、朱利亚诺·达·圣加洛，此后罗马城逐渐成为建筑师新的朝圣地，其中不仅有意大利的建筑师（从伯拉孟特到帕拉第奥），也有其他国家的建筑师（埃雷拉、菲利贝尔·德洛姆）。

米兰的圣洛伦佐教堂（4 世纪中叶）是一座少见的完好保存下来的古代集中式形制教堂。它于 1573 年部分倒塌，但后来由马蒂诺·巴锡重建如初。文艺复兴的建筑师发现它是一例几何结构巧妙的四方形形制的典范之作，而与其相连的三个小教堂采用了希腊十字形或八边形的集中式形制。

意大利古代建筑

然而有意思的是，除了一些由弗朗切斯科·迪·乔治记载下来的那不勒斯乡村别墅和坟墓外，很少有人研究意大利南部丰富的古迹。卡普亚的圆形剧场、帕埃斯图姆和西西里岛的神庙事实上一直到 18 世纪才被人发现。相反，在北方则保留着一些对当地建筑流派产生一定影响的古代建筑。伦巴第人的米兰圣洛伦佐教堂是一座令人称奇的集中式圆顶建筑，圆顶前方有一个巨大的中庭。威尼托的建筑师们到维罗纳去绘制其竞技场和拱门的建筑图，到伊斯特拉的普拉镇去绘制塞尔吉拱门和圆形剧场的建筑图。然而，威尼斯人就像第一批佛罗伦萨人一样，对于他们的前哥特时代（即拜占庭时代）非常敏感；一个叫莫罗·科迪西的人在圣让－克里索斯托姆那里得到了“梅花形”教堂平面图（希腊十字形建筑，中央圆顶，四周有四个小圆顶）以及其简洁明快的建筑图。

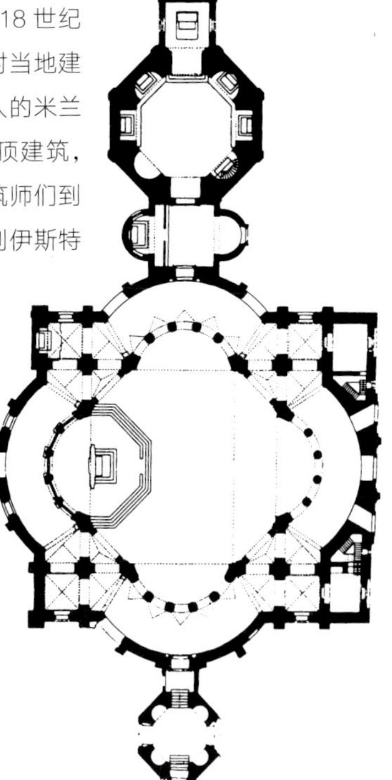

普罗旺斯的古代建筑直接影响了当地16世纪的建筑风格。因此，拉图尔代格城堡的大门（1571年，左图）采用了古代凯旋门的普遍形式和术语。建筑师也许是从依然保存着的圣沙马桥拱门那儿获得了灵感。

意大利以外的古罗马建筑

并非意大利才有古代遗迹，但也只有法国的一些古代建筑值得一提。在普罗旺斯，有尼姆的方形神庙和圆形剧场、阿尔的圆形剧场、奥朗日的拱门与剧院，它们至少得到一些来此绘制建筑图的意大利人——例如1495年来此的朱利亚诺·达·圣加洛，以及后来的帕拉第奥——的研究，但这些古代建筑对当地的建筑有很大的影响，例如圣沙马桥前的拱门就对拉图尔代格城堡的大门产生了影响。波尔多的“护柱”（一座庙宇的列柱廊，毁于17世纪末）和欧坦门也许受到了人们的赞赏，但并未像意大利建筑那样得到研究。对于特里尔和日耳曼其他古罗马城市的建筑所做的研究也不多。显然，当16世纪阿尔卑斯山北部的建筑师们感到需要研究古典建筑时，他们更喜欢到罗马旅行，因为那座城市能给他们提供大量著名的古代历史遗迹和现代建筑大师的杰作。

不全面的课程

通过这样一个简单的概述，我们还有一个重要的发现。在所有被研究的建筑中，唯有万神庙、米兰的圣洛伦佐教堂和那些天主教堂依然保存完整，而且内部宽敞——它们只能给教堂建筑以启发。其他令人赞赏的建筑要么只有立视图而没有平面图（例如拱门、圆形剧场和各种依然竖立着的支柱），要么只有平面图而没有立视图（或损毁严重，如公共浴场），而对于这样零散又不完整的教材应由文艺复兴的艺术家来做一个综合概括。所有的范例都是古罗马建筑，而且多为晚期的，但绝没有希腊建筑。对于古典建筑的研究没有涉及文雅精细的雅典建筑（视觉纠错、雕花装饰），但却包含了布局巧妙、宏伟壮观的罗马帝国的建筑。

雅克·安德鲁埃·迪塞尔索完全凭想象绘制的所谓古代建筑图，明显地表现出文艺复兴时期建筑师在缺乏实地经验的情况下构想立体的古代建筑时所遇到的困难：古建筑立面是没有厚度的平面，威尼斯风格的螺旋式楼梯断于空中。唯有古代的术语能满足需求，因而各种新的创造都合情合理。

& uolevano più presto saperlo quanti erano che no. Ancora tutti e sacerdoti po
tevano avere una donna. Elli egiptij quante ne volevano & questo facevano p fa
re assai gente & non stimavano nessuno bastardo tutti tenevano legittimi:

Et ancora dice che iloro figliuoli gli nutricavano a radice derbe & a derbe & altre
cose molto vili credo che p la grande moltitudine che erano facevano ancora exer
citargli co sacerdoti & con valenti huomini a imparare scientia & maxime astro
logia & arismetrica:

EXPLICIT·LIBER·XX·
INCIPIT·LIBER·VIGESIMUS·PRIMUS·

INQUESTO·VIGESIMO·PRIMO·LIBRO
si tractera daltre cose & di bagni & duna casa fatta in luo
gho pantanoso. Per certo queste sono belle cose che sono i
questo libro doro & buoni ricordi & amaestramenti ma
guarda unpoco se ve altri edificij p che unaltra volta in
tenderemo tutti questi hordini & modi che dice che per cer
to sono begli. Ora vediamo sece altro ma si che mi pare
che qui tracta duno casamento ilquale era in uno luogho
pantanoso & aquatico mala acqua era salmatra che in
sbocchava dentro il mare p piu luoghi si che gli era molti ca
samenti degni in fra li altri fa mentione solo duno ilquale dice che stava in que
sta forma era la sua misura cento braccia p uno verso & trecento pe laltro il
suo disegnio & forma voi il potete vedere p che glie disegniato qui apresso la
quale era in uno quadro di cento braccia prima dove che venti braccia era
di casamenti intorno intorno poi restava uno chiostro di braccia sessanta p
ogni verso Per intendere bene questo casamento e mestiere che si vegga pri
ma come stava il casamento ilquale secondo che qui in questo libro e discrip
to & disegniato così io vi narrero. Prima come di sopra havete inteso elle
ra trecento braccia p lunghezza & cento p larghezza uno quadro di cento
braccia v era spartito in habituri come qui si puo vedere le mura di que
sto quadro di cento braccia erano grosse braccia due & questo p che erano
in volta tutte il primo solare & da quello in su erano uno braccio & mezzo p i
fino in cima. Erano queste stanze di sotto & così di sopra larghe braccia sedici:
& così avevano il muro grosso dentro come di fuori si che veniva a rimanere
uno chiostro di braccia sessanta dove che in esso si faceva uno quadro di venti
braccia ilquale aveva lui ancora il muro grosso due braccia che veniva a
rimanere di sedici braccia di vacuo dove che intorno intorno a questo gli
rimaneva spatio di venti braccia circunda donde che di queste venti bra
ccia di spatio che va intorno a questo quadro del mezzo se ne toglie tre bra
ccia netto intorno intorno secondo va questo spatio di tre bracia & in orda

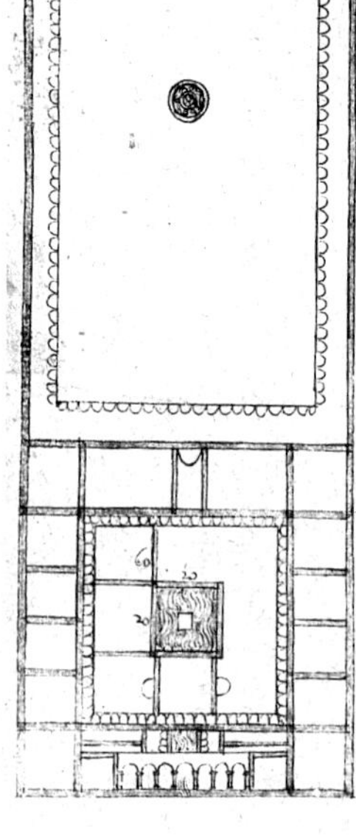

在回归古代风格中，文艺复兴其实遵循了一些任何建筑创作均应服从的普遍法则——规则、对称、比例，这些基本原则自那时起就变得如此普遍常用，以至于必须颇费脑筋方能理解它们不仅代表着一种改变，同时也是对中世纪传统做法的一种对抗。

第二章
新的原则

早在15世纪末之前，一些表现远景的油画展示的是一个理想化的城市。这幅画（右图）描绘了一座古典圆顶教堂周围的景色。左页图是由菲拉雷特设计的一个宫殿方案。

规则布局

第一个原则，也是最简单的原则，也许就是必须运用直尺、角尺甚至圆规来绘制建筑的平面图。垂直相交的规律，如果说由于宗教强制的仪型论而在教堂中得以保留，那么它已从世俗建筑中消失了，因为世俗建筑必须受到其无法克服的场地的限制或影响。文艺复兴又回到了由精确的轮廓勾勒出来的、直线构成的平面和直角连接的状态。不规则图形平面、钝角或锐角均被摒弃。在意大利这不算是一种很大的变化，因为古代建筑教材在整个中世纪仍然得到了较好的保留，但对于其他国家则影响很大，特别是法国。昂布瓦斯、布卢瓦等地于 1500 年左右建造的建筑中既有直角直线型的，也有平面不规则相交且不垂直的古老建筑：这种明显的差异鲜明地表现出新原则与古代传统之间的对立。此后不久，规则图形布局就占了上风，这就是为什么那些 16 世纪 30 年代至 40 年代在中世纪布局基础上重建的城堡均呈现出惊人的不规则性，例如最初的枫丹白露宫、圣日耳曼－昂莱以及尚蒂伊小宫。在德国也存在着同样的问题，而且在像兰茨胡特的海德堡和特劳斯尼茨堡那样的城堡以及慕尼黑或德累斯

菲拉雷特在 1461 年到 1464 年撰写的论著中提出了一些只有一种几何图形的布局，这样的几何图形显得过于简单而无法奏效（左图）。这张平面图仅仅是他于 1456 年设计米兰马焦雷医院方案的近似图，但它长期以来一直被奉为经典之作。

规则图形布局和直角连接是新建筑的基本特征。这就是为什么我们能从下图中清楚地识别枫丹白露宫中世纪城堡重建部分的计划（右页下方）：所谓椭圆形庭院（因为其图案毫无规则而极其明显）和新建的附属建筑；左方的大型家畜饲养场和中部的枫丹庭院，因为两者均为矩形。

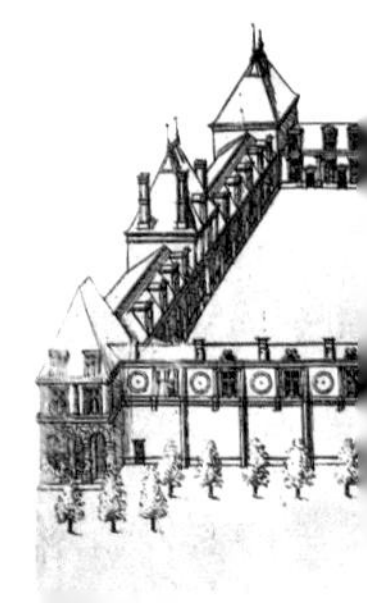

顿的住宅建筑上表现得极为明显。总的来看，可以说在 16 世纪建造的建筑中，非矩形布局的情况极为罕见。例如意大利的卡普拉罗拉和西班牙格拉纳达的查理五世宫殿的圆形庭院，以及卡普拉罗拉外部的五边形平面，当然这是由堡垒的地基所决定的。但在这些例子中，其布局依然是几何图案，此外圆规的运用也与传统的做法大相径庭。因此，原则上几乎可以认为文艺复兴时期如果一座建筑中有一堵斜置的墙，那只能是一种复古的做法或仅仅是对于古代布局的一种纪念。

除了四边形之外，唯一允许采用的图形就是圆形。例如，格拉纳达的阿尔罕布拉宫中的查理五世宫殿的庭院，在这个庭院的设计中，佩德罗·马丘卡借鉴了拉斐尔在罗马玛丹别墅中的思路。

相等的跨度

同样，门窗洞的开设也必须规则整齐。虽然许多哥特式教堂的门窗间距并不完全相等，但宗教建筑还是继承了这一传统原则。然而世俗建筑则已经遗忘了这项原则：建筑立面上门窗洞的开设不是从美观出发，而是依据采光需要来确定，门窗洞的大小各异，而且窗间墙的宽度也不相等。在这方面，在意大利找到优秀的范例也不难，例如：布鲁内莱斯基设计的育婴堂主立面、米开罗佐设计的美第奇宫、阿尔伯蒂设计的鲁切拉府邸。这些建筑的门窗洞宽度以及窗间壁跨度都完全相等。这一原则在 15 世纪后半叶已被广泛采用。于 1483 年火灾后重建的威尼斯公爵府中面向庭院的不规则立面应当看作一个例外，这只不过是一次复古的做法而已。

1455 年，阿尔伯蒂在佛罗伦萨鲁切拉府邸（下图）的设计中，将门窗洞置于壁柱间隔中央，从而提供了第一例整齐划一的立面设计。1560 年，当阿曼纳蒂设计皮蒂宫中面向庭院的立面（左下图）时，这已成了一项原则。

在法国，这是第一个被采用的新原则。因为很显然，它是弥补传统做法不足之处最需要也是最有效的一项原则：昂布瓦斯的查理八世住宅就已经采用了这一原则。然而，这项原则的普遍采用尚需时日：在布卢瓦，路易十二宫殿的侧翼立面和弗朗索瓦一世宫殿侧翼的各立面仅

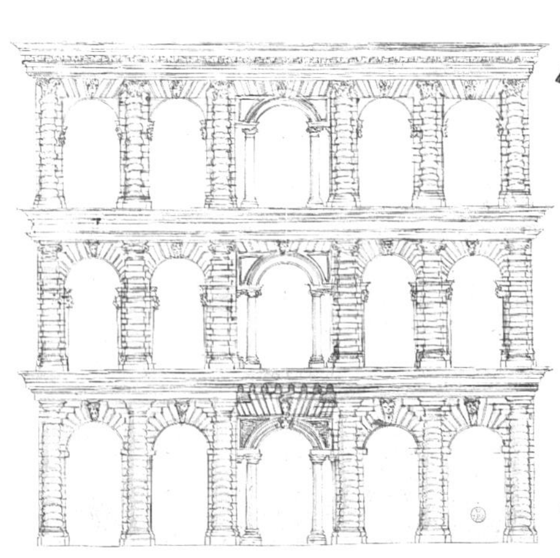

仅是表象而已，而在埃库昂府邸以及枫丹白露宫的椭圆形庭院四周立面上亦不完美，到 16 世纪中叶，这一原则才得到普遍采用。然而直至 17 世纪，尽管半窗结构与间距相等原则格格不入而应当摒弃，但它依然被保留下来并继续沿用。例如，1545 年建造的布纳泽尔城堡北侧翼，也表现了一种对于优秀古典主义的探索。在德国，门窗洞变得整齐规则也颇费周折，但从 16 世纪中叶起，像海德堡的奥顿－亨利宫侧翼和兰茨胡特府邸那样的大型住宅则已遵循此原则。

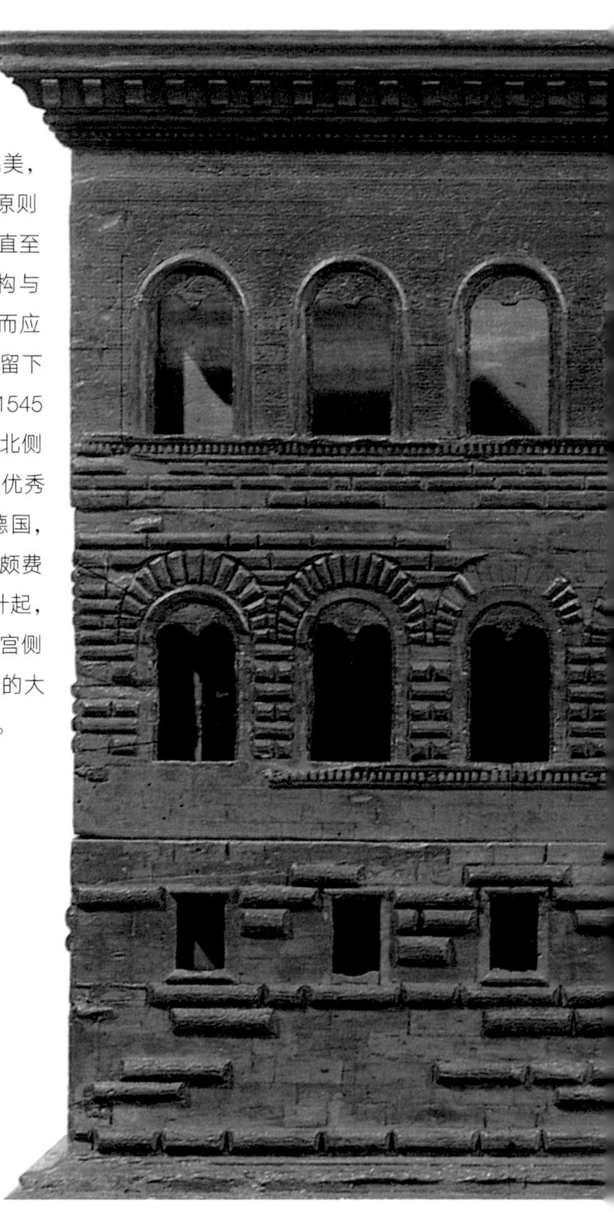

规则整齐已成为必须遵循的原则，甚至在佛罗伦萨那些常见的无柱式府邸中也一样：右侧的斯特罗齐宫（1489 年）的模型中，其门窗洞已上下垂直对齐。怪异之处仅仅体现在由粗糙石块砌合的墙面上。

门窗洞必须规则匀称和排列整齐的原则在意大利以外的地区很难得以贯彻。布卢瓦城堡中的弗朗索瓦一世宫殿侧翼（1515—1519 年，左图）的窗间墙依然不规则，而且螺旋式楼梯也破坏了建筑的层次。

排列整齐的门窗洞

门窗洞必须规则匀称的原则也要求其必须排列在同一层面上。相对于几个世纪以来的传统经验而言，这一项今天看来理所当然的原则在当时却是一种发明，还需要大力推广。然而，这项原则在楼梯采光方面遇上了困难。传统螺旋式大楼梯在墙面上开设与上升坡度高低对应的斜形窗洞，例如建于肖蒙、布卢瓦的弗朗索瓦一世宫殿的侧翼以及 1535 年左右建于托尔高的哈滕费尔斯堡。取而代之的意大利式直楼梯，其走向通常与建筑正面相垂直，因而两段楼梯连接处就得有一个平台，采光窗只能放在两个居住层的中间。这样，在门窗洞的排列上就会有一个断层，这一点在法国城堡中几乎千篇一律，而且一眼就能看出楼梯的位置：如阿塞·勒·李杜府邸、莱斯科的卢浮宫的背面和阿西耶府邸。一直到17世纪30年代，这时，意大利式楼梯依然存在（博梅斯尼尔府、舍维尔尼府）。这一特别现象直至旋转式楼梯的出现才终止，因为旋转式楼梯可以在与居住层面相同的层面采光。然后有意思的是，上述情况在意大利反而不多见，因为其直楼梯并不安置在建筑正面，而是放在庭院的一角，因此其采光窗洞处于建筑的侧面，例如乌尔比诺公爵府和罗马的法尔内塞宫。

相反，在意大利，规则性和对称性是不容置疑的原则。瓦萨里在设计佛罗伦萨奥菲斯宫（1560年，下图）时即严格地遵循了这两项原则，这是一座用于行政事务的大型建筑群，图中展现的是朝向阿尔诺凉廊的柱廊景观。

对称

人们在考虑了规则匀称原则之后，必然开始追求现代意义上的对称原则。所谓对称,是指建筑中轴线两边部分的相似。建筑物的对称如果要在立视图上表现出来，那么必须首先体现在平面图上，从而使建筑创作更趋合理化。意大利和西班牙的府邸建筑本来就是带有四边形庭院的建筑体，因而很容易贯彻这一原则。拉丁十字形教堂本已遵循这一原则，但由

于采用了集中式形制，试图在建筑所有轴线上均达到对称的尝试就变得不可抗拒。因而，对称是以希腊十字形构架为基础的各种变体的根源，这些变体在文艺复兴时期的意大利极为盛行，也构成了其建筑史上最精彩的篇章之一。

在法国宗教建筑中几乎没有什么创新，对称原则在城堡设计上却产生了决定性的影响。它逐渐淘汰了盛行于中型住宅（阿塞·勒·李杜府邸、维尔萨万府邸、弗勒里·昂·比耶尔府邸、瓦莱里府邸）的L形平面——一种角尺形布局，并以Ⅱ形的双侧翼布局取而代之。对称原则最适用于正方形布局（舍农索城堡、尚博尔城堡、沙洛城堡、圣日耳曼的拉米埃特城堡、埃库昂城堡、昂西·勒·弗朗城堡）和长方形布局（布洛涅公园的马德里堡、杜伊勒利宫）。自1540年隐居于枫丹白露宫的塞利奥在其《建筑八书》之“第六书”中将此原则作为书中所有世俗建筑范例的主导原则，而不管其基础的几何布局如何。也许雅克·安德鲁埃·迪塞尔索就是从此书中

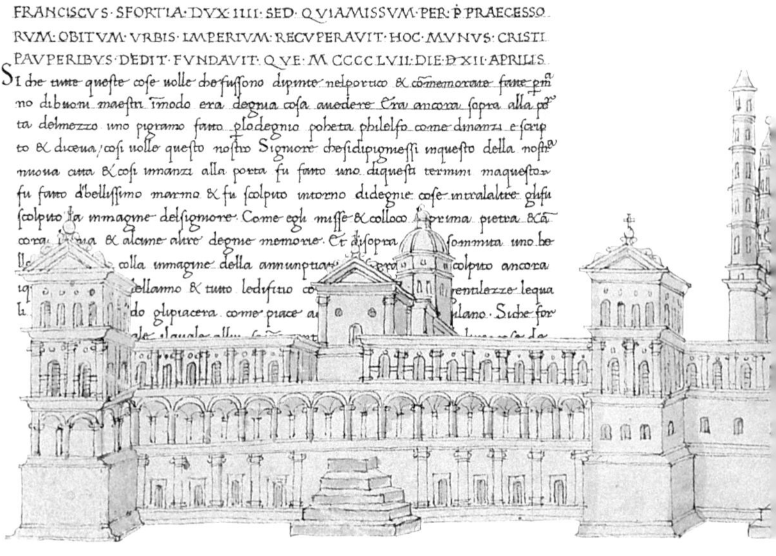

菲拉雷特在其论著中阐述了他对于米兰马焦雷医院的设想方案（下方），当然其设想与实际建成情况并不相同。古典式连拱凉廊确保了建筑的规则与匀称，只有凉亭部分构成了垂直的划分。突出轴线入口的主要是入口的高楼梯（细部见右页右图），而不是大门的规模。

自1518年起重建的阿塞·勒·李杜府邸（左图），其布局为L形，当时曾在左方增加了一个更古老的短侧翼和一堵斜向围墙，这就构成了一个不规则的庭院，该侧翼与围墙后来塌毁。这一布局构成了文艺复兴时期住宅建筑的一个重要元素，尽管并不对称，但却得到了认可。正门并不设在建筑正面的中央，而是在一个很高的塔楼那儿，从外观上看，该塔楼的门窗与其他门窗不在一个层面上，因为这是用来给直楼梯采光的。

得到启发，在1559年出版的第一本书和1582年出版的最后一本书中绘制了以同样的思路设计的建筑图。

轴线正门

对称规则隐含着中轴线的概念。强调连续匀称的古代建筑要求各列柱间距都相等，因而忠实于这一传统的意大利人并不追求突出中轴线，通常只是将中轴线置于两根列柱的中间，所以支柱数是奇数。大型公共建筑，如威尼斯的图书馆、铸币厂和市政大厦，维琴察长方形大教堂，佛罗伦萨奥菲斯宫，罗马朱庇特神殿的侧宫，以及众

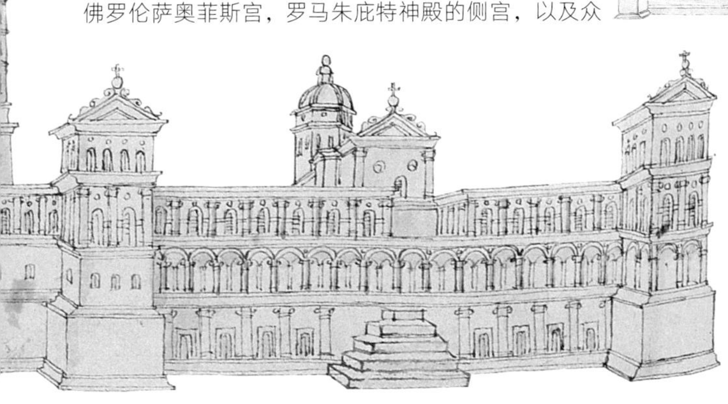

多的私人府邸（如伯拉孟特和拉斐尔在罗马建造的府邸、圣米凯利在维罗纳建造的府邸），其立面匀称均一，没有特别突出的中轴线。其他国家，也许是受了传统的教堂大门的影响，将正中的列柱开间做成宏伟壮观的门道，从而突出了其地位。法国城堡就是这样的情况：路易十二时期的布卢瓦宫，其正门还不处于中轴线上，但到了弗朗索瓦一世统治时期，中轴线构图已开始盛行，自 1540 年后，这一做法发展成为在建筑立面前方建造一个叠合柱式的列柱廊门厅，就像是一种现代的凯旋门：例如埃库昂城堡、阿内堡和卢浮宫。这种对于中轴线的强调最终发展成独立于建筑主立面之外的楼阁，通过特殊的装饰（柱式、墙面、雕刻）和突出的屋顶来表现其宏伟壮观，这一做法盛行至 17 世纪末。受到意大利宫殿建筑影响更深的西班牙，就像法国一般，常常通过列柱形式来突出中央入口（格拉纳达的查理五世宫殿和掌玺

格拉纳达的掌玺大臣府（左图）通过门边的立柱来突出中央入口。同样，菲利贝尔·德洛姆在阿内堡主立面中央开间两边从上到下竖立三种柱式的重叠立柱，这些立柱构成了一个突出的门面（下图），尽管破坏了建筑的主立面，但却因备受人们喜爱而免遭其咎。

大臣府，托莱多的阿尔卡萨尔城堡）。然而在德国，通过特殊的装饰来突出入口，并没有将其扩展成一个独立的门厅或楼阁。

佛罗伦萨的圣灵教堂是布鲁内莱斯基艺术追求最完美的体现。他在中厅中运用的藻井天花和列柱让人回想起古代的长方形大教堂，不仅如此，他还采用了规则四边形划分平面，而正视图中，大型连拱廊与长窗高度相等。所有这一切都使内部空间变得和谐匀称，因此从文艺复兴开始，就令每一位参观者都为之惊叹。

比例，计算出来的和谐

最后谈一下比例问题，也就是说尺寸大小间的关系，它是文艺复兴时期众多得到重视的因素之一。在中世纪，这一概念相当简单而且仅用于宗教建筑中，最多也只是将教堂中厅高度和宽度之比按简单的几何图形——正方形或三角形——来确定。而到了文艺复兴时期，人们意识到了数字的重要性，开始考虑精确的尺寸，希望通过计算来达到和谐的原则。在15世纪初，布鲁内莱斯基就已贯彻了这一做法：虽然圣洛伦佐教堂中，大型拱廊和正厅高度的比例还是传统的7∶11，但这是由于建筑原有的基础已经把这一比例定死了，然而圣灵教堂的设计完全由他负责，因而比例为 6 : 12，这并非出于偶然。只有到阿尔伯蒂这样真正的人文学者的出现，古代和谐比例的理论才得以重新确立。根据皮塔戈尔创立的理论，音乐中的协和音程建立在长度——管风琴管子或震动弦的长度——关系上的，八度音程的比例是 1 : 2；五度音程的比例为 2 : 3；四度音程的比例为 3 : 4。柏拉图在《蒂迈欧篇》中推断出，协和音程所揭示的万物的内在和谐建立在 2 倍数（1–2–4–8）或 3 倍数（1–3–9–27）这样的几何级数之上。阿尔伯蒂在这样的比例关系中得出了建立理想比例的方法：建筑具有与音乐一样的自然和谐，而且关于和谐的论著均认为两种艺术具有基本的同源关系。在圣弗朗切斯科 · 德拉维尼亚教堂（1535 年）的设计方案中，威尼斯人文学者弗朗切斯科·迪·乔治又一次将这一原则发扬光大：教堂所有的尺寸均为 3 的倍数，因而各部分的比例都是八度音程或五度音程的比例，而

加菲里奥（1518 年）关于和谐的论著卷首插图说明了音乐与建筑均遵循同样的比例法则。在作者的右方，不同长度的管风琴管子表示不同的音程。在其左方，与管风琴管长度对应的线段，以及一个圆规表明这一比例也适用于建筑艺术。

且其总长度与双八度和双五度音程相似。同样在威尼斯成长起来的帕拉第奥得出尺寸之间的关系，要么是算术级数，要么是几何级数，要么是调和级数。如此复杂烦琐的研究是否有效很值得怀疑，也就是说，我们的视觉器官能否觉察到如此精巧的比例关系。但不管怎样，这使文艺复兴时期的建筑师重新走上了希腊艺术的重要原则之路——可公度性（该"对称"被赋予另一完全不同的含义）。根据这一原则，一座建筑的所有尺寸为了达到和谐，必须是一个基本模数的倍数。当然，很少有人能像帕拉第奥那样掌握和进行如此精巧的计算。然而以基本模数为基础的比例理论已经被大家所接受，必将使建筑师从传统经验的束缚下解脱出来。而且所有的人都将有意识或无意识的、或多或少的从中获益，而所通过的途径就是以此为基础的次序体系——新语言的汇集。

维琴察长方形大教堂（左页下图）的设计者帕拉第奥，也许是对和谐比例研究最深的人。事实上，长期以来，人文主义者就热衷于几何学和比例理论。在这些人中，卢卡·帕乔利在 1494 年出版了一本《算术概论》，从而一举成名。雅各布·德·巴尔巴里于 1495 年画了一幅卢卡·帕乔利正在绘制欧几里得定理图形的画（下图），画中桌子上有一个圆规和一个十二面体。

建筑领域的文艺复兴是通过一些源于古代艺术的新形式——圆柱、柱头、柱顶盘、穹顶和圆盖以及装饰来表现的，它们就像一种新语言的词汇一样，构成了该语言的风格。柱式，既是一种比例体系，也是一种装饰语言，故为这种比例和这门语言的基础。

第三章
新的语言

罗马金银匠的圣爱卢瓦小教堂（右图）是拉斐尔极少的建筑作品之一。这幅集平面图、立视图、剖面图为一体的建筑图表现了该建筑的希腊十字形布局，冠以鼓座穹顶的立方形结构和朴实的多利安式壁柱装饰。

圆柱是古代建筑的一大特点，我们可以将其看作壁柱的孪生兄弟，所谓壁柱是指那种嵌于墙内的扁平柱子。由于圆柱的设计与制作非常复杂而且精妙，故在当时堪称一大杰作。其柱身呈凸肚形，以便弥补柱子中部长长的圆柱体所造成的细瘦印象；它就像一尊雕像一般坐落于一个基座上，连接处为一个用线脚装饰的座基；柱身上面有一个柱头，而且为了纪念原始木结构建筑，它必须带有一个由下楣（源自拉丁文 architrabs，主梁）、中楣和突出的上楣三部分构成的水平柱顶盘。当一座古代建筑中既有拱又有圆柱时，如古罗马的圆形剧场，它们被当作独立的体系来处理，这两个体系虽然并列，但在它们之间并没有联系：拱坐落在支柱上，而圆柱紧贴于支柱前，正面承载着一个与拱相切的柱顶盘。中世纪并没有完全抛弃圆柱的概念，但却将其简化到了最朴素的形式——既无线条又无比例的圆柱形支撑物，用于支撑拱，因为柱顶盘实际上已不存在。教堂中厅的圆墩、楼廊或回廊的小圆柱只支撑相连成排的拱孔。

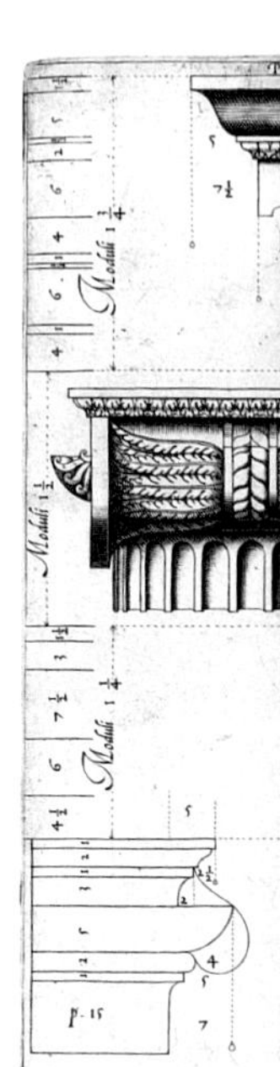

1562 年，柱式最终由维尼奥拉的教科书确定下来（上图），其插图详细地展现了各个部位的平面图和剖面图。

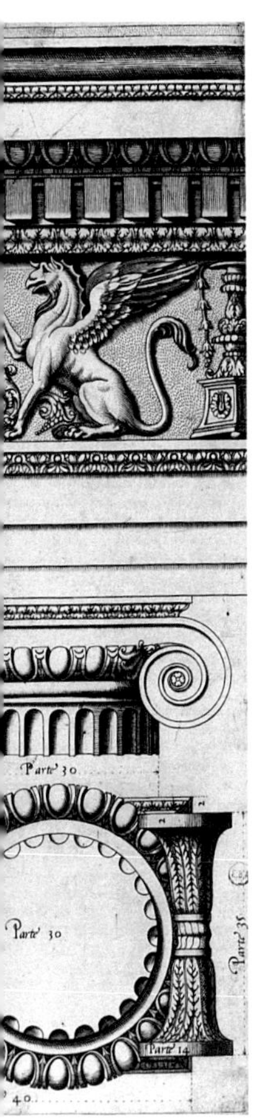

圆柱的复兴

建筑艺术的复兴之父布鲁内莱斯基的创举之一即重新运用古典支撑物。自 1421 年起，他就在佛罗伦萨育婴堂的正面安置了一个圆柱廊，但他依然沿用中世纪的做法，将其用于支撑拱；然而他在柱廊上框以大型凹槽壁柱，壁柱上支撑一个连续的柱顶盘：已经有一些具有决定意义的构件重新得到了重视。在圣洛伦佐教堂和帕齐礼拜堂的圣器室内部，他在壁柱上方安放了连续的柱顶盘；在圣洛伦佐教堂和圣灵教堂的中厅里，他融合了古代规则和中世纪的做法，在大拱孔和圆柱之间插入一段柱顶盘，不过在圣洛伦佐教堂的侧道里，他完全恢复了古代的做法，在壁柱上安置连续柱顶盘；它们与壁柱之间的侧殿的开口拱孔相切。从此，古代艺术的词汇重新得到了运用。布鲁内莱斯基发明的柱顶盘段，甚至成为常用手法，使人们接受了在圆柱上运用拱的做法。柱顶盘的重新运用决定性地体现了文艺复兴的风格，以严格的几何学、水平的连续性以及一定的硬度取代了连拱廊上固有的垂花饰。

在布鲁内莱斯基的第一个世俗建筑作品——佛罗伦萨育婴堂（左页下图）中，已经出现了圆柱、半圆拱、角石上的圆雕饰、古典柱顶盘和柱廊列柱间中轴线上的窗洞。圣灵教堂中，他在柱头和拱之间插入一个柱顶盘段，从而使支撑体更趋完美（下图）。

柱式原则

布鲁内莱斯基与其后继者不可能没有注意到圆柱的比例是根据“装饰”(借用维特鲁威的说法)的变化而变化的,这儿的“装饰”指运用于圆柱上的柱头和柱顶盘的类型。通过对古代遗址的研究以及对维特鲁威著作的研读,他们找到了关于柱头和柱顶盘类型的理论,并将其重新建立起来。这些类型由装饰物的风格来决定,而这些装饰物在古代用作确定类型,但由于它们是整个比例体系的基础,因而被称为柱式。

体系的概念源于基本视错觉原理：如果一座建筑物有好几层,而且每一层的高度都一样的话,那么最高的几层由于远离处于地面的观察者而显得高度变低。层次越高显得越矮；随着建筑物高度的增加,各层就越显得叠压。为了纠正这种视错觉,应当逐渐增加每一层的高度。柱式就用于按合理的比例来确定各层的高度。事实上,每一种柱式都有它自己的比例,也就是说,圆柱的高度是根据其宽度来确定的。因此,只需给一座建筑的每层分配一种柱式,按递增顺序叠加。这样,整个建筑就不会给人以逐层紧缩的感觉,相反能造就一种提升高度的印象。像古

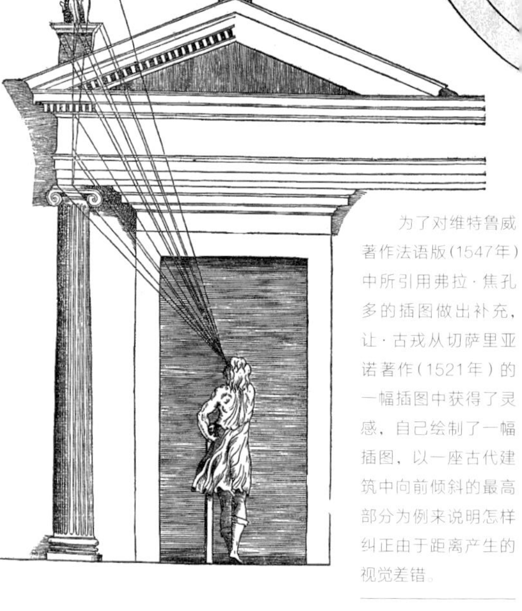

为了对维特鲁威著作法语版(1547年)中所引用弗拉·焦孔多的插图做出补充,让·古戎从切萨里亚诺著作(1521年)的一幅插图中获得了灵感,自己绘制了一幅插图,以一座古代建筑中向前倾斜的最高部分为例来说明怎样纠正由于距离产生的视觉差错。

Tirato il Catheto di questa prima uoluta et un'altra linea in squadro che passi per il centro dell'occhio si diuide il detto occhio nel modo segnato di sopra nella figura .A. et si comincia poi al primo punto segnato.1. et si gira col compasso una quarta di circolo dipoi al punto segnato.2. si gira l'altra quarta et cosi procedendo si fa i tre giri compitamente. Per far poi la grossezza del listello si come egli è la

爱奥尼亚柱式以其带有正面朝前卷涡的柱头为特点。在卷涡中间为一行蛋形饰。这幅卷涡的图案曾深深地吸引了建筑家们。他们试图通过一种几何方法来绘制一张完美的图纸，而这样的图纸直到1552年才由威尼斯画家朱塞佩·波尔塔，也叫萨尔维亚蒂绘制成功，他特地发表了《用圆规绘制爱奥尼亚柱式卷涡的方法》一文，曼图亚宫廷建筑师乔瓦尼·巴蒂斯塔·贝尔塔尼在《维特鲁威论著中关于爱奥尼亚柱式的晦涩难懂章节》（1558年）一文中肯定了他的方法。维尼奥拉教材中的插图（1562年，左图）普及了该图的做法。与雄浑的多利安柱式相反，爱奥尼亚柱式被认为是受到了女性人体比例的启示而产生的，因而被赋予了女性特色。

罗马的圆形剧场这样的建筑物就是这一理论的体现。

希腊人创造了三种基本柱式：多利安柱式、爱奥尼亚柱式和科林斯柱式。罗马人在此基础上又添加了两种变体：托斯卡纳柱式和混合式柱式。在15世纪的意大利，文艺复兴初期的大师们感到要搞清楚这些不同的柱式有一定的困难，更何况唯一保存下来的著作出自奥古斯都时期的建筑家维特鲁威之手，而保存下来的建筑物时间要晚一些，大部分为罗马帝国末期的作品，与著作的描述并不一致。他们必须解决可见事实与古代理论之间的矛盾。于是，新的理论得到了发展，1562 年维尼奥拉出版了《五种柱式规范》，因其逻辑性强而且简洁明了而成为最终定论。

维尼奥拉将不同的柱式放在同一张插图中，从而清晰地表现了各柱式的区别性特征与关系。

五大经典柱式

粗壮的多利安柱式最为坚固。其特点为：柱头仅简单地饰以线脚，不带装饰物，柱头上的柱顶盘有差异；下楣极其简朴，中楣为一列相互交替的三垄板——饰以三角凹槽的狭长盖板（木结构建筑中叠放于下楣上的横梁部分的再现）和饰有浮雕（牛头饰、圆花饰）的垄间壁，最后是由简单的立方体托座支撑的上楣。托斯卡纳柱式仅仅是多利安柱式的一种变体，但更粗壮更朴实，由于没有三垄板和垄间壁而一眼就能认出。爱奥尼亚柱式要更加修长一点，其特点是柱头带有两个正面朝前的卷涡，柱顶盘装饰更为华丽，下楣上方为饰以雕刻的长条中楣。科林斯柱式更高，其柱头被认为代表了一个覆以叶板的花篮，由此在对角线处产生弯曲枝叶，在中线处产生一朵玫瑰，柱顶盘中装饰层次更多。与其比例相同的混合式柱式仅仅是一种装饰性变体，其柱头包括一个科林斯柱式的花篮饰和一些爱奥尼亚柱式的卷涡，不同之处在于卷涡处于对角线上。

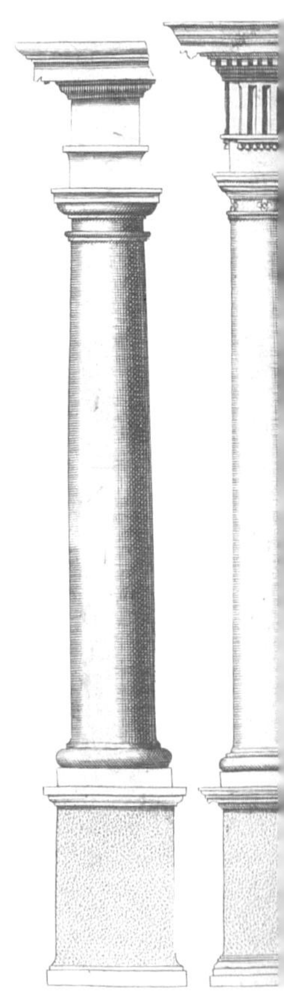

托斯卡纳柱式　　多利安

柱式之间的关系

根据维尼奥拉确定的标准，这五种柱式之间按一个固定的比例联系在一起，因为它们的高度是按由圆柱直径构成的公共模数计算出来的：托斯卡纳柱式的高度是 7 个模数，多利安柱式为 8，爱奥尼亚柱式为 9，

亚柱式　　科林斯柱式　　混合式柱式

科林斯和混合式柱式为 10。原则上，托斯卡纳柱式因其庄严朴素而使用于乡村建筑中，如别墅建筑；或是防御性建筑中，如城门或堡垒大门。多利安柱式是常用柱式中最粗壮的，具有男性的雄浑气魄，仅用于建筑底层，用来支撑建筑重量。爱奥尼亚柱式用于第二层。科林斯或混合式柱式用于第三层。但这一规则很晚才被确定下来。

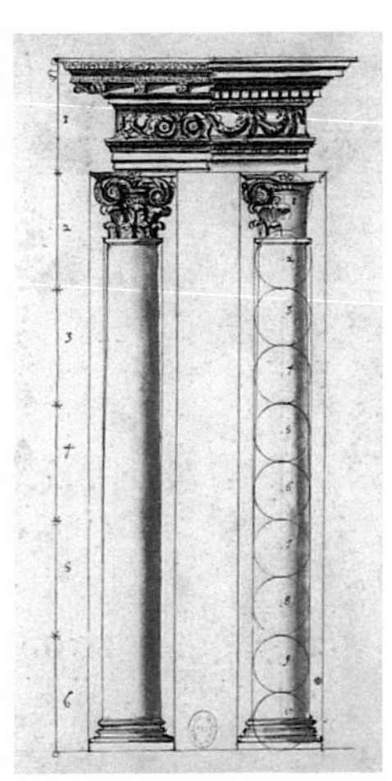

所有著书立说者都喜欢对古代柱式提出他们自己的解释。因此，菲利贝尔·德洛姆在其著作《建筑》一书中详细描述了他在维耶－科特雷堡的礼拜堂中使用的科林斯柱式的柱头和柱顶盘（1552 年，上图）。各柱式的公共模数即为圆柱的直径。蒙塔诺则喜欢通过在一圆柱内部叠放的周长数来直观地表述这一概念（左图）。

当15世纪中期阿尔伯蒂在鲁切拉府邸立面上重新运用柱式叠合时，这还只是出于偶然。最早的模仿是1470年左右建造的罗马威尼斯宫的内院，这显然是受到古代优秀建筑的直接影响。1514年，伯拉孟特在梵蒂冈宫运用了三种基本柱式的叠合，这是第一个正确运用柱式叠合的范例。它们之间的等级和构图从此得以确立，其用法也几乎成了必然：它们被用于16世纪最高贵的建筑中，如罗马法尔内塞宫的内院、威尼斯卡里塔女子修道院中帕拉第奥设计的回廊以及圣马可广场上的新市政大厦。

伯拉孟特在梵蒂冈宫建造了一座新建筑，后来成为圣达马斯庭院的左翼（左图）。在这座建筑上，他完全采用了分别由多利安式和爱奥尼亚式壁柱组成的古代连拱廊楼层模式。

柱式的选择

但具体运用均有例外的情况，而且总会有出格的做法。底层除了使用多利安柱式之外，也可以采用其他柱式，只要在它上面不使用一种比它更矮的柱式就行了。例如16世纪中叶之后，圣米凯利在威尼斯大运河上的格里马尼宫的

底层运用科林斯柱式，而在它第二层使用了另一种科林斯柱式。勒·普里马蒂斯在 1568 年将一种托斯卡纳柱式安置在枫丹白露宫新侧翼的第二层。不过，当一座建筑物中只使用一种柱式时，例如在一座教堂的内部，通常选择装饰高雅的科林斯柱式，因此科林斯柱式也是运用最广泛的柱式。

16 世纪初，伯拉孟特创造了一种新型立面，唯有庄重的层面才运用柱式而底层墙面则饰以粗糙石块。这一模式获得了巨大成功，并在意大利各地得以纷纷仿效，例如圣米凯利在维罗纳的作品和帕拉第奥在维琴察的蒂内宫。

巨型柱式

此外，还有一种只运用单一圆柱或单一壁柱的做法，即其高度等于两层建筑物的高度。这种柱式被称为巨型柱式（当然巨型柱式适用于任何柱式），它能造就更宏伟壮观的效果。布鲁内莱斯基早在归尔甫宫的设计中就已运用了巨型柱式，然而这一工程并未得以完成。16 世纪，人们仿效布鲁内莱斯基的做法，将巨型柱式运用于浮夸矫饰的建筑立面上。巨型柱式可以运用在墙面由粗糙石块砌筑的底层上，如圣米凯利在维罗纳建造的宫殿以及罗马卡皮托利山丘上的元老院，但最常见的是

伯拉孟特死后（1514 年），其继承者拉斐尔给这一侧翼的檐部下加盖了一个开放式列柱凉廊——“敞廊”。19 世纪的奥拉斯·韦尔内偏爱以宫殿一角为背景来展现拉斐尔的风采（左页右图）。

1568 年，勒·普里马蒂斯在枫丹白露宫中加建了一个侧翼（下图），其正面突出部分完全模仿了塞利奥设计的科林斯式教堂主立面，在第二层运用了托斯卡纳式壁柱。尽管这一做法不合常规，但并未受到非议。这种托斯卡纳柱式后来逐渐地运用在宫廷的所有立面上，甚至像 1751 年昂热·雅克·加布里埃尔建造的“大楼阁”也如此设计的。

拔地而起的巨型柱式：如于勒·罗曼运用在曼图亚的特宫、米开朗琪罗建造在卡皮托利山丘上的孔塞尔瓦托里宫、帕拉第奥建造在维琴察的瓦尔马拉纳宫和卡皮塔尼奥凉廊上的巨型柱式。

庙宇正面支撑三角楣的巨型柱廊或门廊是古代建筑的一个主要构成部分。15 世纪最后 30 年中，阿尔伯蒂仿效这种构图设计了曼图亚的圣安德烈亚教堂的主立面，但他采用的是壁柱。真正的柱廊几乎与现代建筑设计无法相容，倘若没有 16 世纪后半叶帕拉第奥对其成功运用的话，那么柱廊早就被人遗忘了。他把柱廊作为其别墅立面的特别装饰，例如米拉的马尔孔唐塔别墅和维琴察的圆厅别墅；在无法将柱子与建筑主体分离时，他就将柱子嵌于墙面，如马塞拉的巴尔巴罗别墅；而且在一些威尼斯教堂的立面上运用得非常广泛，如圣彼得罗·迪·卡斯泰洛、圣弗朗切斯科·德拉维尼亚教堂和救世主教堂。在他去世前不久（1580 年），他又一次通过马塞拉礼拜堂的立面设计来表明他对门廊的偏爱。

在圣洛伦佐教堂的老圣器室中，布鲁内莱斯基已经使用了一种壁柱柱式，因为它涵盖了门和上部浮雕两个层面，所以我们可以称之为巨型柱式（上图）。不管怎样，他通过使用缩减了模数的爱奥尼亚式圆柱来做门的框架，而将“大”柱式和“小”柱式结合在一起使用，这种组合后来变成了常见的做法。

柱式的传播

在 16 世纪，各种柱式传播到了意大利以外的地区。在法国，几乎整个弗朗索瓦一世统治时期中，柱式的运用依然全凭经验。最早将各种柱

式正确地组合运用的是 1545 年埃库昂城堡的大门入口（已不存在），其作者也许是让·古戎，还有就是大约 1550 年菲利贝尔·德洛姆设计的阿内堡正面中央突出部分（起始于文艺复兴时期的巴黎美术学院的内院）。让·比朗出版的《建筑的普遍法则》（1564 年）是第一本关于柱式的实践教材，但不久以后就被维尼奥拉的著作所取代。尽管自 1526 年起，迭戈·德·萨格雷多在其改编维特鲁威的作品《古典比例》中论述了柱式的运用，但柱式在西班牙的传播还是很缓慢：1530 年左右，

萨拉曼卡爱尔兰人学院柱式也是凭经验使用；16 世纪 60 年代的塞维利亚的圣尚济贫院立面图算是最好的，但其比例依然是颠倒的。然而在此后的年代中，只有埃斯科里亚尔的柱式得到了正确的运用。如果没有帕斯卡利尼在于利希和意大利化的弗拉芒人弗雷德里克·絮斯特里斯在兰茨胡特和慕尼黑等地的贡献的话，柱式进入日耳曼国家则更为缓慢。虽然里维尤斯自 1547 年始出版了一本五柱式的教材，但 1556 年在海德堡

巨型柱式在大型建筑正面找到了用武之地。阿尔伯蒂将其运用于曼图亚的圣安德烈亚教堂中构成主立面的凯旋门（1472 年起建造）的科林斯壁柱上。此后不久，同样在曼图亚，于勒·罗曼在特宫——1525 年起建造的一座别墅——的所有立面上都运用了巨型柱式。这座低矮加长形的建筑给人以水平延伸的印象，但因为运用了巨型柱式而显得宏伟壮观（左图）。

蒙莫朗西的陆军统帅买下米开朗琪罗的“奴隶”之后，为了与建筑北翼的突出部分相对称，也为了造就宏伟壮观的效果，让·比朗在埃库昂城堡（建于1544年前，风格相当简朴）的南翼加建了这样一个科林斯式巨型柱廊，而这一柱廊压低了建筑原有的高耸气势（左图）。米开朗琪罗制作的雕像很早以前就运到卢浮宫了，但其模塑品最近被安放在侧面大型壁龛内以便重新赋予该组合的全部意义。

建造的奥顿－亨利宫侧翼中，对于柱式的运用依然很不灵巧熟练。在16世纪的帝国，我们找不出正确运用三种柱式叠合的例子。

至于巨型柱式，意大利以外似乎只有法国将其用于实践。比朗偏爱浮华风格，将巨型柱式运用在尚蒂伊小宫、费尔昂塔德努瓦的埃库昂城堡的内院之上。在瓦卢瓦王朝统治后期，巨型柱式得到了流行，那时候人们偏爱制造巨大宏伟的效果。在当时所有的大型建筑规划中均能看到巨型柱式（夏尔瓦尔、韦尔纳伊、圣莫尔），这一点雅克·安德鲁埃·迪塞尔索使我们至今记忆犹新，还有亨利四世时期卢浮宫长廊的郊外部分。迪亚娜·昂古莱姆旅馆（现已成为巴黎市历史图书馆）是这一潮流中少数现存建筑之一。西班牙对巨型柱式也不是一无所

知，我们至少在宗教建筑中能看到它的踪迹，如雅昂主教堂和格拉纳达主教堂的内部。

一个非强制性的选择

文艺复兴对于古典柱式的偏爱不应被解释为一条限制性法则。对于柱子或壁柱的重新运用并不是强制性的，只要符合规则、对称、几何和比例等几大原则就能达到美观的效果。因此，我们可以举出一些文艺复兴时期风格独特，但在主立面上没有运用任何柱式的建筑，例如 15 世纪被称为佛罗伦萨宫殿建筑的美第奇宫、皮蒂宫和斯特罗齐宫等，我们通过安东尼奥·达·圣加洛设计的 16 世纪大型罗马宫殿可以看到其影响，例如该类建筑中的杰作法尔内塞宫。其他的例子还有萨拉戈萨的隆加、莱斯科的卢浮宫外立面，以及阿莎芬堡。

安东尼奥·达·圣加洛将罗马的法尔内塞宫立面（下图以及上图，入口）按佛罗伦萨的风格进行了处理，这种风格通常不在外立面运用柱式，而将其放在内院里：在外立面上我们只能看到一些用于框架窗户的小圆柱和门角处的粗石墙饰。

圆顶

文艺复兴时期的建筑语言并不仅仅只有柱式。我们还应考虑到其他东西：盖顶的方式、装饰物、线脚装饰。盖顶方式中，穹隅圆顶和穹隅拱顶就是典型的新成分。圆顶曾被罗马人使用过，而且在罗曼时期，圆顶常常用突角拱支撑，也就是说用按一定角度搭建的半圆锥拱或半穹隆拱支撑。但圆顶实际上在哥特建筑中已经消失。文艺复兴又重新重视起了圆顶，并将其用穹隅——像从一个球面上切割下来的凹面三角——来支撑。穹隅巧妙地使教堂中交叉甬道的方形平面过渡到圆顶或鼓座的圆形开口，同时穹隅也为内部装饰提供了一个有利的平面：意大利的做法是在那里装饰圆形画像，通常是福音传教士的画像。布鲁内莱斯基建造的佛罗伦萨主教

文艺复兴早期的圆顶，如布鲁内莱斯基设计的圣洛伦佐教堂老圣器室圆顶（左图），仅仅是一些圆弧形尖拱、“伞形拱”，而且直接建造在穹隅上，没有鼓座。这些圆顶高度不够，尽管在小拱下方开有眼洞窗，但采光也不好。设计于14世纪的佛罗伦萨主教堂圆顶（下图），坐落在一个高高的八角形鼓座上，但尖顶拱外形依然是哥特式的。

堂巨型圆顶使这座建筑被认为是建筑上文艺复兴的起点。然而这是一个误解，因为该建筑的设计起始于 14 世纪，而布鲁内莱斯基的伟大之处在于没有使用脚手架也没用筑拱模架而将其建造起来：与其说这是项建筑创作，不如说是一次工程师的出色表现。但他的成功无疑为圆顶的传播做出了贡献，圆顶成了文艺复兴时期建筑的一大主题。

鼓座与圆盖

除了佛罗伦萨主教堂（因为带有鼓座而算是一个例外），早期的圆顶是直接建造在穹隅之上的，并在外围围以垂直砌造的鼓座遮挡。例如普拉托的圣马利亚·德拉卡塞利教堂，所有 15 世纪末的伦巴第圆顶教堂，以及后来的米兰圣马利亚·德拉帕西奥纳教堂。这一建筑潮流很难给交叉甬道采光，也很难为外部圆顶的发明提出什么启示。只有到了 16 世纪初，人们才开始在穹隅和圆顶之间安插一个圆柱式鼓座，通过鼓座上的窗户来给交叉甬道提供光线；同时重新采用古代的做法（如威尼斯圣马可大教堂），在圆顶外部覆以圆盖构架来表现其外形。蒙托里奥的圣彼得罗教堂中伯拉孟特设计的灯笼状顶塔、蒙特普尔恰诺的圣比亚焦圣母院、托迪的圣马利亚·德拉孔索拉齐奥内教堂等建筑表现出了这一模式的优越之处，它使教堂内部更明亮，外部更宏伟。不久，这一形式就被到

在 15 世纪，集中式形制的教堂被认为是最完美的建筑形式。常见的形式为希腊十字形布局，交叉甬道上构筑圆顶。至 16 世纪出现了带有鼓座的圆顶，鼓座的优点在于能提升圆顶的高度，并给交叉甬道提供光线。蒙特普尔恰诺的圣比亚焦圣母院于 1518 年按安东尼奥·达·圣加洛的设计图动工，是一例优秀的作品（上图）。只有教堂的半圆形后殿和正面的两座钟楼表明该建筑是对称布局的。

15 世纪的一个建筑工场

多梅尼科·迪·巴尔托洛在锡耶纳圣马利亚·德拉斯卡拉济贫院（1440 年）的壁画中表现了一位在广场上施舍的主教，以及一些正在建造大楼的工人。近景中有一名工人似乎正用圆规在图样上测量尺寸，而另一个则在搬运砖块；还有一人肩扛背筐爬上木梯；脚手架上有人用绞盘拉一桶水泥。虽然这些是现实主义的记录，但画面所表现的建筑物，由于其结构缺乏条理、装饰烦冗，而显得不真实、不客观，这也是锡耶纳画派的一大特点。

16 世纪初的一个建筑工场

左方，人们正从货车上卸下大石块，而两名石匠正开始雕琢这些石块；中间，有人在雕琢一个柱顶盘上楣，有人在运木梁；远方，手持圆规的建筑师正在指挥一段柱身的制作。远景是一座古典式建筑，上方竖立着雕像。

处采用——如阿莱西的热那亚圣马利亚·迪卡里尼亚诺教堂、圣米凯利的维罗纳坎帕尼亚圣母院、帕拉第奥的威尼斯圣乔治－马焦雷教堂和救世主教堂，以及贾科莫·德拉·波尔塔的罗马圣彼得教堂。依照佛罗伦萨主教堂这一典范，在圆顶顶部开口并在开口上部设计有灯笼状的顶塔，这种顶塔保留了顶部逐渐收小的古代风格。

穹隅拱顶

布鲁内莱斯基在育婴堂的柱廊中以及他设计的教堂侧道中运用了一种新的盖顶方式——穹隅拱顶。穹隅拱顶仅仅由四个穹隅所组成，形似圆帽，四

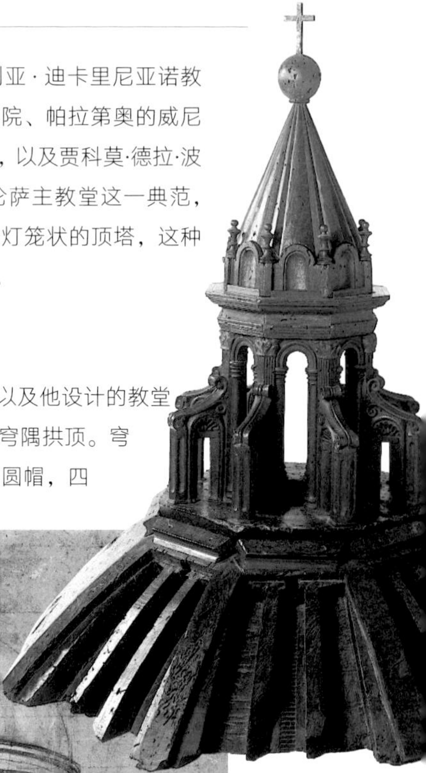

灯笼状顶塔的功能在于遮盖圆顶顶端的开口，而且同时让尽可能多的光线透入。布鲁内莱斯基在他去世（1446年）前不久设计了这座后来建造在佛罗伦萨主教堂圆顶上的顶塔（上图），从此这一古代灯笼状顶塔一直被奉为经典之作。

角尖形下垂。这种不需传统的尖脊或尖形拱肋的建筑类型使得拱顶变得很光滑，其匀称的弧形延伸了从此开始采用的半圆拱的弧形。这一建筑类型有点像是佛罗伦萨的特产，但我们依然能在意大利其他地方以及西班牙找到这一类型的建筑，例如哈恩主教堂。

佛罗伦萨圣洛伦佐教堂的侧道（左图）展现了布鲁内莱斯基创造的新词汇的各个方面：与大型连拱廊圆柱相对应的墙上壁柱划分出了侧殿的入口；在扶拱之间，穹隅拱顶的凸肚轮廓与所有的半圆拱腹相互辉映。这种形式可以完美地运用在民用建筑上：这一侧道的结构和中厅的立视图实际上与育婴堂中长方形窗户一层的立面之下覆以穹隅拱顶的列柱廊一模一样。

圆形圆顶建筑是一种理想化的形式。左页图左边，由伯拉孟特在圣徒彼得殉道之处建造的纪念堂就属这一类型，尽管灯笼状顶塔这样的称呼对于一个圣地而言不太合适，但它依然保留了这一具有特殊意义的名称。

装饰

古代装饰同样也得到了重视。哥特建筑一开始只有简单的卷叶饰，后来有深深刻在石上的树枝条装饰以及墙垛小尖塔上的各种卷心菜形装饰。文艺复兴抛弃了所有这些奇怪的装饰，重新沿用古人风格的装饰手法:要么是纯粹的几何图案，

在圣乔治－马焦雷教堂旁边，为雇佣兵队长巴尔托洛梅奥·科莱奥尼建造的礼拜堂（1470 年，左图）中，阿马德奥采用了集中式形制，从而在伦巴第引入了一种佛罗伦萨模式。受当地传统的影响，他的第一职业也是雕刻家，因而他忘记了运用结构简洁的几何图形作为装饰：大理石立方镶嵌细工，小建筑上层出不穷的浮雕和雕像，这些似乎是文艺复兴的拥护者强烈批判的哥特式雕像盖顶和小尖塔的最后变形。

如希腊方形回纹饰、波状涡纹饰、串珠饰、蛋形饰、柱槽饰；要么是自然主义图案，但依据近乎几何图形的方式刻画，如置于绠带饰或波状涡纹条饰上的叶漩涡饰，以及垂直于柱顶瓶饰的重叠图案华柱饰。更新换代是个渐进的过程，直至 16 世纪初，在伦巴第和威尼托，人们在柱头的装饰上还是表现得非常花哨，柱头上依然雕刻着如海豚之类的自然主义图案，在壁柱饰上的檐壁和华柱依然穿插有鸟、昆虫等奇异的东西。贝加莫的科莱奥尼礼拜堂和威尼斯的圣马利亚·代米拉科利教堂可以说是这种装饰性风格的代表作。这种装饰风格在 16 世纪前 30 年的法国和该世纪头 50 年的西班牙依然大有市场，

但最终也像在意大利那样让位于古代风格的装饰。最简单的装饰，即通过增强视觉效果来勾画出图案或者突出层次的线脚装饰，也同样按古代模式进行了革新。中世纪的线脚装饰直接雕刻在墙面的无饰部分，呈沟槽形。文艺复兴重新以浮雕式线脚装饰为原则，该原则要求有待接石。柱顶盘或门窗框因此凸起而显得很突出，就像一幅画的边框一样，在光照下通过它们的阴影线条来突出建筑的图案。

粗石墙面

石块砌合术也得到了革新。中世纪仅用于军事建筑的粗石墙面被用于民用建筑，这也许是受了佛罗伦萨宫殿建筑的影响，因为其本身就是一座坚固的房子，于是粗石墙面迅速地推广开来，以用来产生别致的造型效果。它成了宫殿建筑底层的常用石块砌合方法，或者作为一种流行的装饰来突出墙角或框架门窗。同时也产生了各种各样的变体。表面像未经加

粗石墙面成了15世纪佛罗伦萨宫殿建筑立面的典型特征，而且也没有因为古代柱式的盛行而消失。甚至到了1489年，它依然是斯特罗齐宫（右下图）的全部装饰。在其各种变体之中，菱形凸雕墙面曾在15世纪后半叶盛行过，此后就消失了。我们可以在那不勒斯、博洛尼亚等地看到这种墙面，在费拉拉还有比亚焦·罗塞蒂于1493年左右设计的称为“钻石宫”的西吉斯蒙·代斯特宫（左下图），这一形式甚至被一位意大利人传播到了莫斯科。

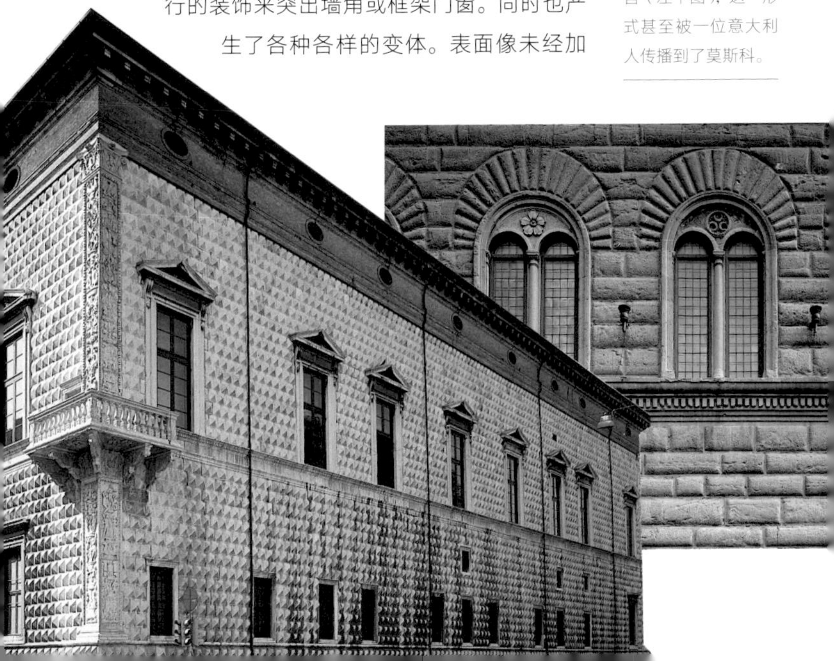

工的岩石一般的佛罗伦萨传统粗石砌块转变成了凹凸不平或海绵状的碎石砌块、台形砌块（如威尼斯圣米凯莱教堂的正面）或菱形凸雕砌块（如费拉拉的“钻石宫”）。法国不仅很快采纳了这一技术，而且创造了其他的形式，如劈石砌块、确保凹槽平整的倒角台形砌块，以及虫迹形凸雕砌块，这种砌块在16世纪末得到广泛运用，例如卢浮宫的长廊。

特例

新的建筑语言受精确的句法规则制约，它的形成导致了一个早期建筑大师未曾预料的后果。所有违反规则的做法、所有非常规的手法都将令人感到惊讶，甚至是震惊，但这种情况在一种规范建立之前是从不可能出现的。中世纪的自由表述只不过是一种假象，唯有规则才能显示出例外的原创性。于勒·罗曼显然是第一位断然运用非常规做法来达到惊世骇俗，甚至转移注意力的效果的人，如曼图亚的特宫：柱身与拱石出人意料地以略经加工的毛坯形式出现，三垄板看起来与檐部相脱离而下落。米开朗琪罗几乎系统地按他的方式对装饰及形状进行了革新：例如他将佛罗伦萨圣洛伦佐教堂新圣器室的长窗设计成梯形，以造就一种透视效果。他甚至还将这样的形状倒过来使用，例如他构筑的佛罗伦萨劳伦齐阿纳图书馆门厅隔墙上的圆柱一样。这些特例仅对那些懂得规则的人而言无伤大雅，它们对于规则不可能不产生一定的影响。但是，反过来，已经确立的理论又为这些独创思想的产生提供了另外的源泉。

在布尔戈斯的米兰达宫（1545年，上图）中，建筑师将柱头设计成木结构建筑中的托座形状。在曼图亚的特宫庭院中（1526年，右下图），于勒·罗曼将一部分檐部设计成向下坠落的形状。在佛罗伦萨劳伦齐阿纳图书馆门厅中（右上图），米开朗琪罗将圆柱安置在墙内。违反规则的做法比比皆是。

文艺复兴的建筑类型与中世纪相差不大：主要是教堂和宫殿——其中包括阿尔卑斯山北部的城堡——的建造。在意大利也就多了两种类型：乡间住宅或别墅，以及格局统一的公共广场。但是在古代建筑类型的基础上，文艺复兴创造出了一些新的类型——或者说至少在很大程度上革新过的类型。

第四章
新的类型

在雅各布·达·恩波利的这幅画（左页图）中，教皇利奥十世正在审视圣洛伦佐教堂（美第奇堂区教堂）的主立面模型，而米开朗琪罗在向教皇做一番介绍；桌上是一张劳伦齐阿纳图书馆的设计图。右图是位于波焦阿卡亚诺的美第奇别墅。

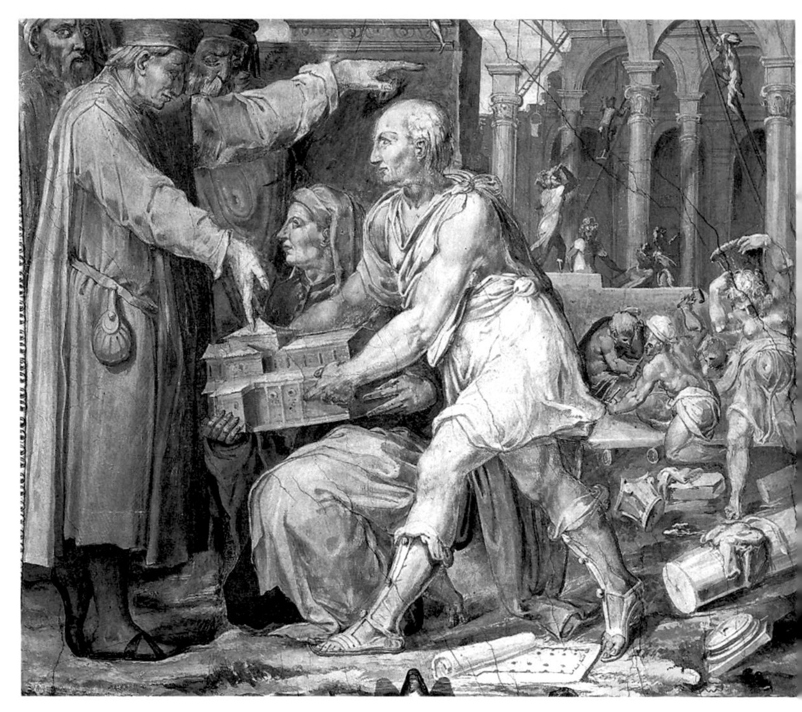

布鲁内莱斯基的创新

宗教建筑从一开始就因布鲁内莱斯基在佛罗伦萨的创新而受到极大的冲击。在圣洛伦佐教堂和圣灵教堂的设计中，他重新采用了传统的拉丁十字形形制，但融合了古代教堂式样，并在中厅顶上覆以天花，四周围以立柱，同时他还在交叉甬道上加盖了一个圆顶。对于圣洛伦佐教堂的圣器室（它同样也是美第奇的一座祠堂），他采用了正方形形制，上面加盖一座圆顶，而且在圣克罗切教堂的帕齐礼拜堂中，他采用了这一形制的一种新形式。圣马利亚·德利安杰利教堂最终未能得以实现，但按照布鲁内莱斯基的构想，这是一座四周以辐射状围以礼拜堂的圆形建筑。对于小型建筑，他采用集中

佛罗伦萨韦基奥宫中瓦萨里的一幅壁画（上图，细部见右页上图）里，布鲁内莱斯基正向老科姆展示其圣洛伦佐教堂的模型。为了在竞标中获胜并得到建筑主人——君王或高级教士的认可，建筑师们必须制作非常精巧细致的模型。

式形制（也就是由唯一的内部空间构成的，该内部空间可能只处于一个圆圈内），该形制实际上自罗曼风格圣洗堂之后就已消失了。这些范例必然产生了巨大的影响。布鲁内莱斯基在大型教堂设计中采用的长方形教堂建筑式样在15世纪以各种变体的形式得以复兴。16世纪，于勒·罗曼在设计曼图亚主教堂时也受到了这一式样的影响。

集中式形制

集中式形制获得了巨大成功，当然也成了还愿教堂的常用式样。朱利亚诺·达·圣加洛的普拉托卡塞里圣母院堪称希

为了重建罗马的佛罗伦萨人的圣让教堂，米开朗琪罗于1559年构思了许多不同的工程方案，而其中得到尤利乌斯三世认可的方案特别具有创意（左下图）。通常在内接于一个正方形的希腊十字式样中，角厅只开口于臂部，然而米开朗琪罗没有采用这样的布局，取而代之以星形辐射状布局，这样角厅就直接与中央空间相连。圆顶则由祭坛周围过道上的八根支柱支撑，而不再由传统的置于对角线上的四根支柱支撑。交叉甬道上是一座完全对称的圆形建筑。从外部立视图上看到的墙角不再是常见的直角，而是弧形墙面，米开朗琪罗在圣彼得教堂中所采用的也是这样的弧形墙面。

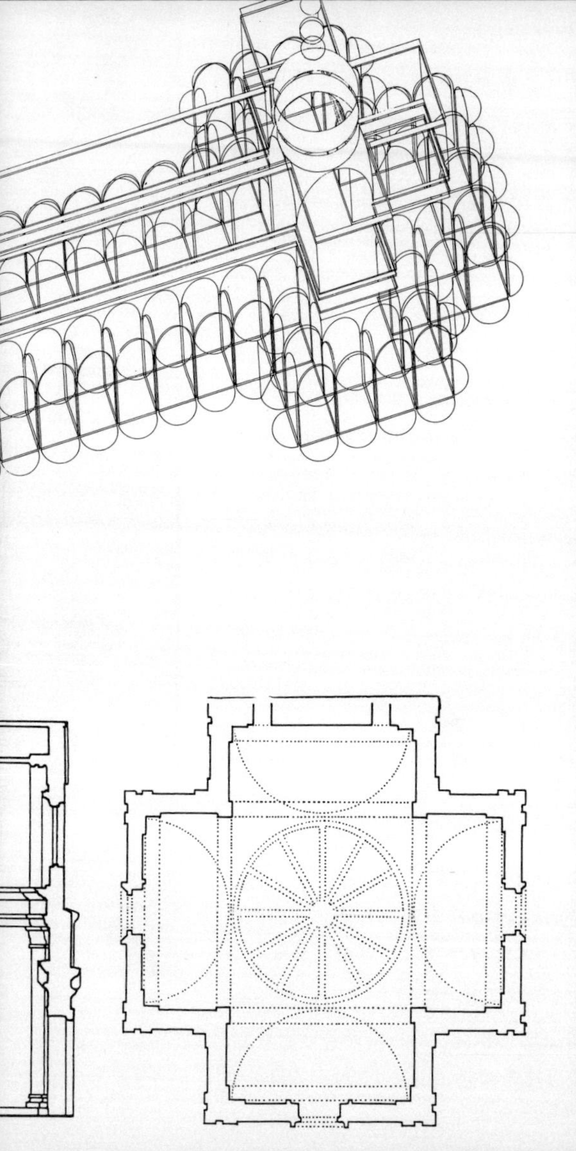

布鲁内莱斯基为圣灵教堂设计的原始方案（对页左上图及左图）中四周均有礼拜堂，包括主立面也如此，这一设计使外部立视图呈现出令人惊奇的波浪状。然而建造者并没有按他的设计去做：主立面上的礼拜堂由于与传统的三扇大门不相宜而被取消，其他立面上的半圆形后殿则被隐没于一堵笔直的墙内。该平面图是根据平方模数建立的（交叉甬道是侧道跨度的四倍）。普拉托的卡塞里圣母院（下图）的布局严格遵循希腊十字式形制，没有角厅。相等的四条支臂上覆以筒形拱顶，交叉甬道上则是穹隅圆顶。但这依然是“伞形”拱顶，从外部无法看到，其鼓座仅具雏形，而且相当低矮。采光依然依靠开设在小拱上的眼洞窗。朱利亚诺·达·圣加洛显然继承了布鲁内莱斯基的风格，他的教堂与其说是未来建筑的宣告，不如说是15世纪建筑发展的完美终结。

腊十字式样的典范之作，而他设计的佛罗伦萨圣灵教堂的圣器室也是八角形式样的绝佳范例。16 世纪末伦巴第的建筑师就这一主题发明了许多漂亮的变形。在威尼斯，莫罗·科迪西借着这一主题在圣乔瓦尼·格里索斯托莫的设计中重新采用了拜占庭式梅花形形制。集中式形制在罗马的发展比 15 世纪的佛罗伦萨要缓慢，但由西斯克特四世建造的圣马利亚·德拉帕切教堂也采用了这种形制。到了 16 世纪，几乎所有的大建筑师都采用了这一布局式样：如伯拉孟特设计的罗马蒙托里奥的圣彼得罗教堂（圆顶建筑），后来又如圣彼得教堂的最初设计方案，以及托迪的圣马利亚·德拉孔索拉齐奥内教堂（四方形，该建筑的设计者极有可能就是伯拉孟特）。还有米开朗琪罗的佛罗伦萨圣洛伦佐教堂新圣器室（像老圣器室一样呈正方形），特别是罗马圣彼得教堂的希腊十字形设计方案。最后是加莱亚佐·阿莱西的热那亚圣马利亚·迪卡里尼亚诺教堂（梅花形）、圣米凯利的维罗纳坎帕尼亚圣母院（圆形中的八角形）、帕拉第奥的马塞拉礼拜堂（圆形）。

伯拉孟特在按希腊十字式样重建罗马圣彼得教堂时的设计初稿仅存这半张平面图（上图）。

混合式形制

集中式形制难以适应人群聚集，因而在人流众多的教堂中，纵向布局依然是必要的。因此在 15 世纪，人们想到了将这两种形制结合起来，在中厅的尽头建造了集中式圣殿；我们也可以认为帕维亚主教堂的建造也采用了这样的方法，其圆顶所覆盖的交叉甬道宽至两边侧道，从而比中厅更宽，这样的话，它已不再仅仅是一个耳堂，而本身就是一座建筑了。这种方式可从圣殿的哀悼功能得到认可——例如佛罗伦萨的安农齐亚塔主教堂、马拉泰斯蒂亚诺教堂，米兰的圣马利亚·德莱格拉奇教堂，以及 16 世纪的格拉纳达主教堂——但这种布局方式并非完全一致。传统的拉丁

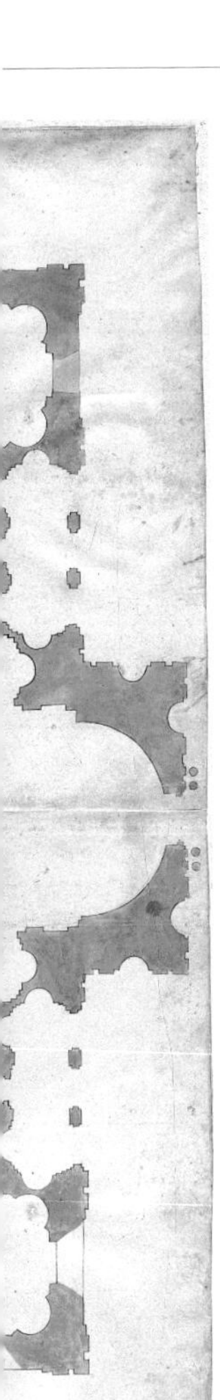

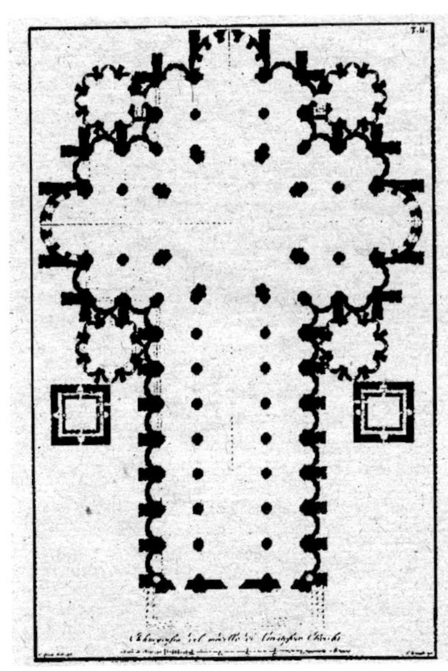

拉丁十字式样与圆顶的结合一直是文艺复兴所追求的目标。马泰奥·德·帕斯蒂的徽章（下图）是里米尼的马拉泰斯蒂亚诺教堂建造计划唯一留存下来的物证，该教堂由阿尔伯蒂设计，但未能完全建成；最初的中厅隐藏于古典式外墙之后，在其尽头，他设计了一个置于圣殿上方的巨大圆顶，这个圆顶俯视着整个建筑。根据帕维亚主教堂的大型木制模型建立的平面图（左图）上可见，交叉甬道得到了极大的扩展，这使它形同希腊十字式样的建筑，只是在这一布局上又添加了一个很短的五开间中厅。

十字式样依然占了主导地位，从布鲁内莱斯基的作品中可以看出，集中式形制带来的影响仅仅是在交叉甬道上添加了一个圆顶。但这样的解决办法已被阿尔伯蒂所采纳并应用于曼图亚的圣安德烈亚教堂上，被弗朗切斯科·迪·乔治移植到科尔托纳附近的卡尔奇纳罗圣母院上，最后伯拉孟特也采用这一方法来设计新圣彼得教堂（罗马圣彼得教堂），该建筑于1506年按此设计动工，这是16世纪最流行的式样。帕拉第奥设

计的威尼斯圣乔治 - 马焦雷教堂堪称这一式样的完美之作。

特伦特主教会议提出教堂的布局应在最大限度上满足在一大片信徒面前举行宗教仪式的需要，也就是说要求中厅很宽，没有侧道。因此，人们简化了上述布局，维尼奥拉的罗马耶稣教堂便是这一布局发展的完美范例，其后该布局被普遍采用：中厅周围只有半圆形殿，圣殿按集中式形制设计，顶上覆以圆顶，通过半圆形后殿延伸。祭坛始终置于半圆形后殿中，而耳堂转变为一些与圆顶大小等宽的简单侧殿。严格地说已不存在交叉甬道，圆顶仅仅是为了满足一种需求：它已成为教堂美观的必备因素。在 16 世纪最后 30 年盛行的

即是这样的布局，以及其各种变体：如帕拉第奥设计的威尼斯救世主教堂中圣殿布局为三叶状。

教堂的立面

文艺复兴的布局原则和语言同样也被应用于建筑的立面

阿尔伯蒂早在曼图亚的圣安德烈亚教堂中就已采用了单中厅模式，其中厅非常宽大，直通盖有圆顶的交叉甬道（该圆顶直至18世纪才建造起来，但支柱的布局明显表明它在最初的设计中就已存在）。根据教会在特伦特主教会议后提出的新要求，罗马耶稣教堂（对页图）采用了单中厅拉丁十字式样，但覆以圆顶的交叉甬道是主体空间。安德烈亚·萨基的这幅油画表现了在添加巴洛克风格装饰之前的教堂内部，使我们重温了维尼奥拉建筑的庄重朴实。

不管伯拉孟特和米开朗琪罗原来的意图如何，罗马圣彼得教堂最终还是建造了一个中厅，但圆顶下方的巨大空间还是让人联想到文艺复兴时期建筑师们对于集中式形制的喜爱程度。这幅 17 世纪初无名氏所做的油画是巴洛克装饰风格尚未遍及建筑物之前基督教堂式样的珍贵资料：中厅的拱顶已被涂成了金色（1616 年），但半圆形后殿依然按照米开朗琪罗的意图保留着“石灰华色”。

上，从而使立面类型也进行了革新。阿尔伯蒂是第一个想出在建筑立面上运用柱式的人。晚年时，他甚至尝试将曼图亚的圣安德烈亚教堂的正面设计成一个由巨型柱式构成的凯旋门式样。然而事实上，在设计佛罗伦萨的新圣马利亚教堂时，他就早已构想出由双层柱式叠合而成的主立面，底层宽达整个建筑的宽度，上层立面与中厅等宽，从而作为主立面，高踞建筑之上，并通过涡形装饰与侧道相连。这一形式胜过了其他各种形式，并得以普遍运用。整个形式在大体上保持不变，所变化的主要是上层的宽度，支撑物——通常是结合使用的圆柱和壁柱——的形状和数量，以及三角楣的图案。唯一一例变化较大的立面变体是由帕拉第奥设计的，他在中厅前方安放了一个巨型列柱廊，并用三角楣的尖角部分取代了涡形装饰，而这一门廊被认为将三角楣与主体切分开来了。于是该建筑立面看起来就是两个不等的三角楣结构拼合的结果，其中宽大低矮的一个就像是被另一个高大的强行撑开，一般水平分割不复存在，中厅的垂直度得到了加强。因此，建筑内部的层次通过另一种形式在外部得到了体现。

阿尔伯蒂在佛罗伦萨的新圣马利亚教堂（中下图）中以一种新的风格表现了教堂建筑的立面：中央立面两端通过涡形装饰与两端侧道相连。对于位于马塞拉的别墅的礼拜堂或坦比哀多小礼拜堂（左下图），帕拉第奥重新采用万神庙的模式，在圆形建筑前面安置一个巨型柱式的门廊。

意大利以外的教堂

在意大利以外的地区，意大利教堂模式并不很流行。在法国，由于哥特式风格的影响深远而不可能很快被这一潮流所取代：尽管在细部形式上逐渐受到文艺复兴的影响，如巴黎圣厄斯塔什教堂，但哥特式传统依然主导着建筑的式样与风格。集中式形制仅仅在个别情况下得到了采用，即在主教堂或城堡中一些私人建造的礼拜堂中，如菲利贝尔·德洛姆在圣日耳曼－昂莱建造的一些礼拜堂（三叶状布局，前有门廊）、圣莱热教堂和唯一保存下来的阿内礼拜堂。

在日耳曼国家中，哥特建筑的抵制力量由于火焰式风格的盛行而变得更加强大，直到弗雷德里克·綮斯特里斯

菲利贝尔·德洛姆建造的礼拜堂都是按照圆顶集中式形制设计。阿内礼拜堂（下图）是正方形内的希腊十字式样，但其构造具有新意：臂部从正方形延伸出来，转角处变成圆形；门开在角柱中；圆顶按透视原理装饰以藻井，其图案投影又运用在地面铺砌上。

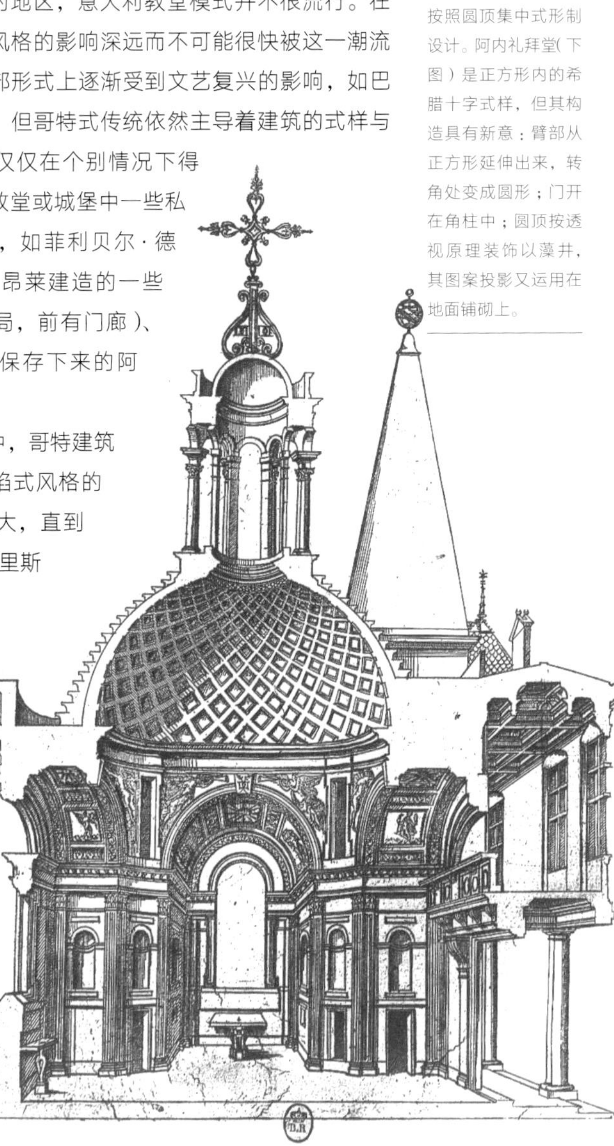

建造了慕尼黑耶稣会士教堂——圣米歇尔教堂——之后，才出现维尼奥拉式样的建筑，尽管这一建筑还没有圆顶。意大利式样在西班牙受到了极大的欢迎。集中式形制以不同的形式得到了应用：如锡古恩萨主教堂圣物堂的方形布局、塞维利亚主教堂圣器室的十二边形布局、埃斯科里亚尔修道院的希腊十字式样布局。在格拉纳达主教堂和乌韦达教堂中，拉丁十字式样与大型圆形圣殿结合起来，在塞维利亚圣尚济贫院的教堂和托莱多的圣·让·巴蒂斯特济贫院，拉丁十字式样的交叉甬道上覆以圆顶。

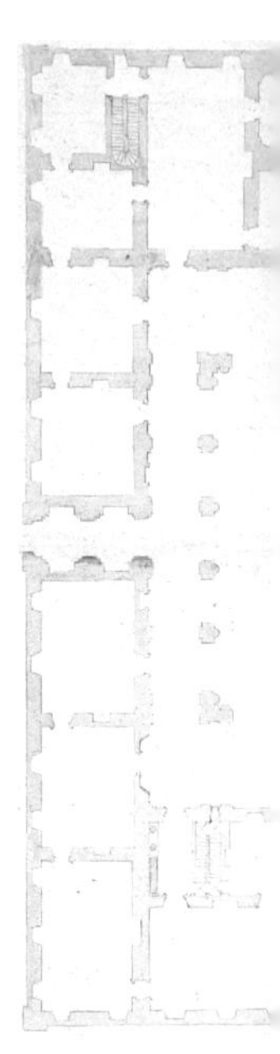

从15世纪中期开始，以中间为方形庭院、四周围以立柱连拱廊形式的美第奇宫（左图）确定了佛罗伦萨宫殿建筑的形式。安东尼奥·达·圣加洛的罗马法尔内塞宫（上图）则通过古典风格来表现这一形式：连拱廊不再坐落于圆柱上，而是在立柱之上，其中嵌入第一种柱式的圆柱。

意大利宫殿建筑

意大利民用建筑的主要类型是作为城市住宅的宫殿式府邸建筑，因为贵族与富有的市民阶层居住在城市里，而阿尔卑斯山北部的贵族则居住在他们领地上的城堡之中。传统的意大利宫殿是中间有一个庭院的封闭型建筑体，布局为正方形或四边形，体积庞大，但面向庭院部分开设有很大的凉廊。

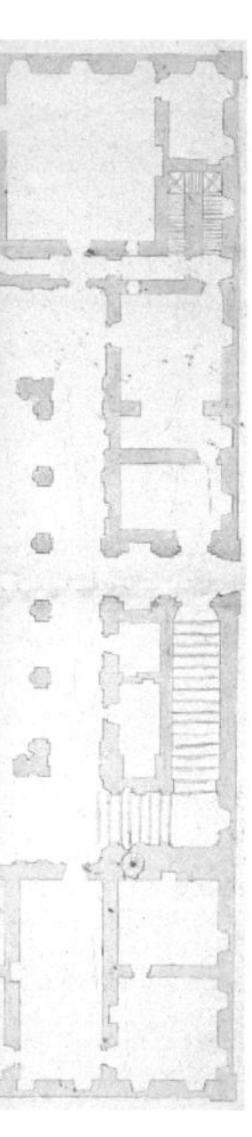

这依然是通用的类型，但在平面结构上出现了显著的调整，柱式的运用也给立面结构带来了更大的变化。在罗马，古代风格得到了完整的再现，首先是在称为威尼斯宫的庭院中，长期以来它一直是一个特例，其后是伯拉孟特在梵蒂冈宫中建造的圣达马斯庭院，最后法尔内塞宫的庭院成为其完美形式。15 世纪末，壁柱叠放立面又重新出现在罗马，如掌玺大臣府，但这一立面很快由伯拉孟特引入的粗石墙面单柱式底层立面所取代，后者被迅速推广到各地。

从此内部布局自然也按直交分割来进行。一种梯段笔直平行，由梯墙分隔的新型楼梯取代了中世纪常用的螺旋形楼梯。只有个别建筑还保留了螺旋形楼梯：劳拉

在罗马的卡普里尼宫中（1501 年，下图），伯拉孟特运用了一种新的立面形式：底层饰以粗石墙面，里面是古代模式的底楼以及底层与二层之间的商店，上方是由成对多利安柱式构成的典雅楼层。拉斐尔在维多尼－卡法雷利宫中也运用了这一立面形式。帕拉第奥在设计维琴察的宫殿建筑时也从中汲取了灵感。

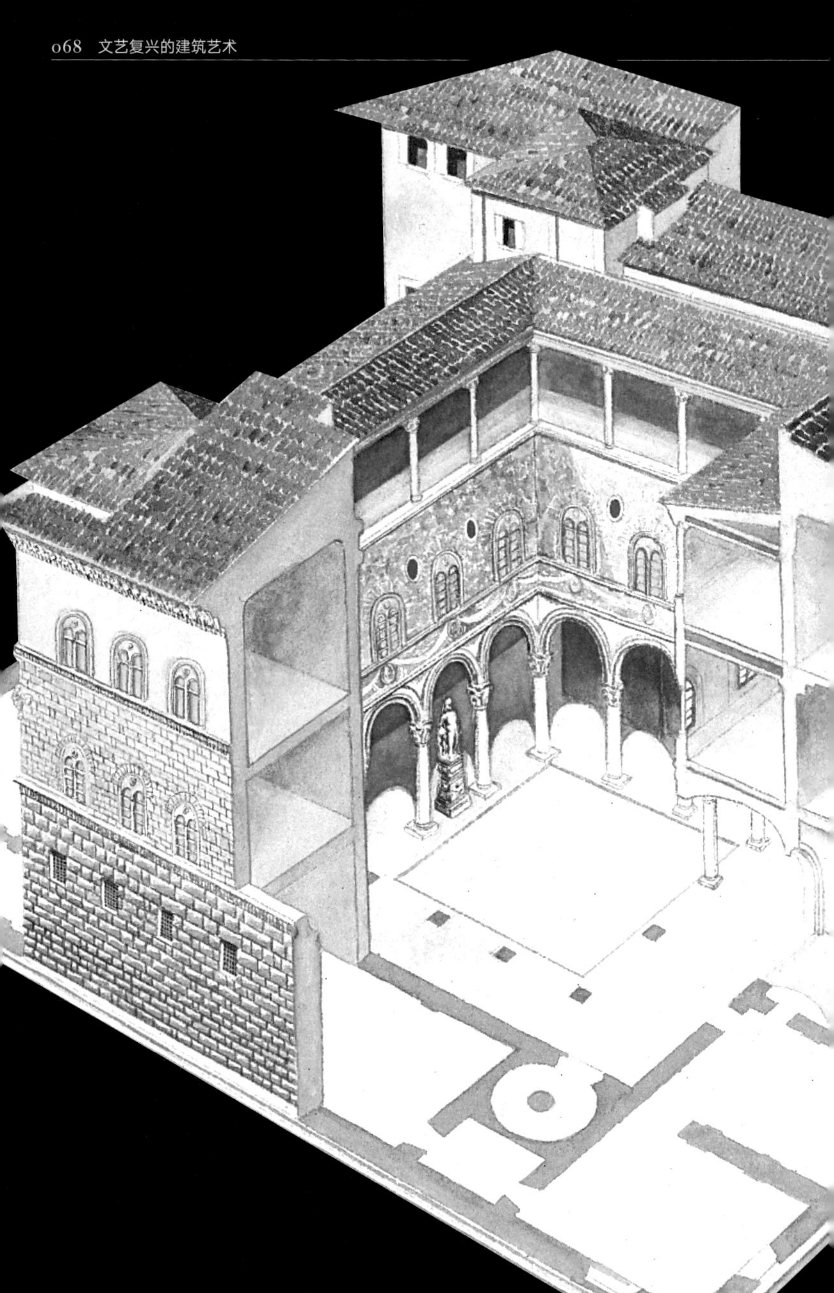

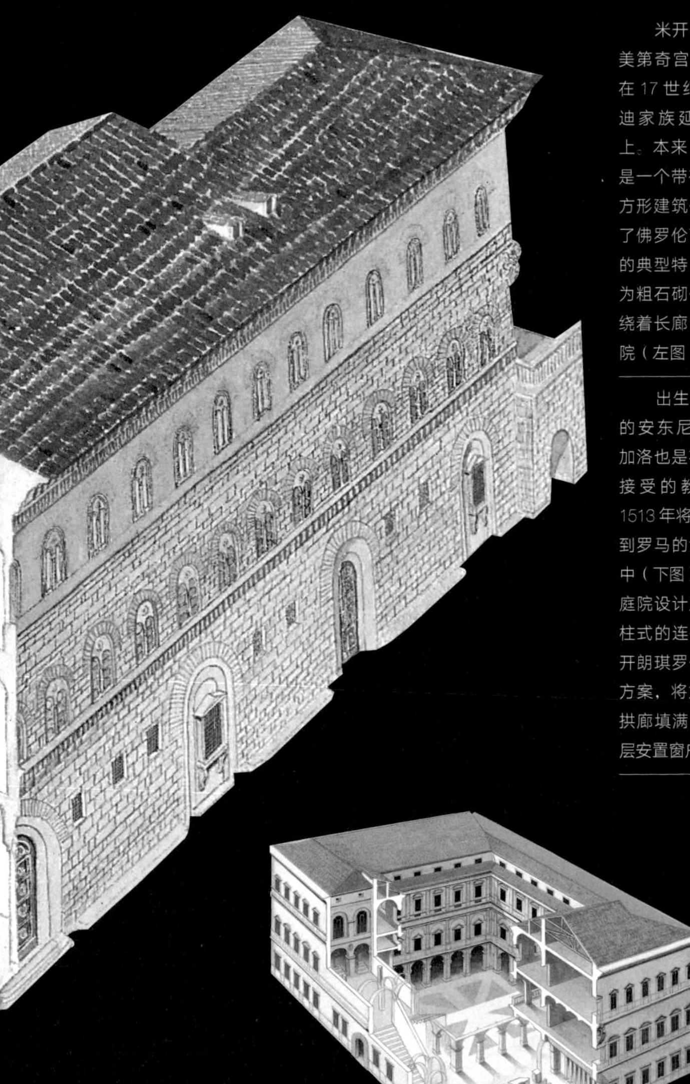

米开罗佐设计的美第奇宫（1444年）在17世纪被里卡尔迪家族延伸至街面上。本来，这座宫殿是一个带有内院的四方形建筑体。它表现了佛罗伦萨宫殿建筑的典型特点：各立面为粗石砌体、四周围绕着长廊的四方形庭院（左图）。

出生于佛罗伦萨的安东尼奥·达·圣加洛也是在佛罗伦萨接受的教育，他于1513年将该模式应用到罗马的法尔内塞宫中（下图）。本来他将庭院设计成三层不同柱式的连拱廊，但米开朗琪罗修改了他的方案，将第二层的连拱廊填满，并在第三层安置窗户和壁柱。

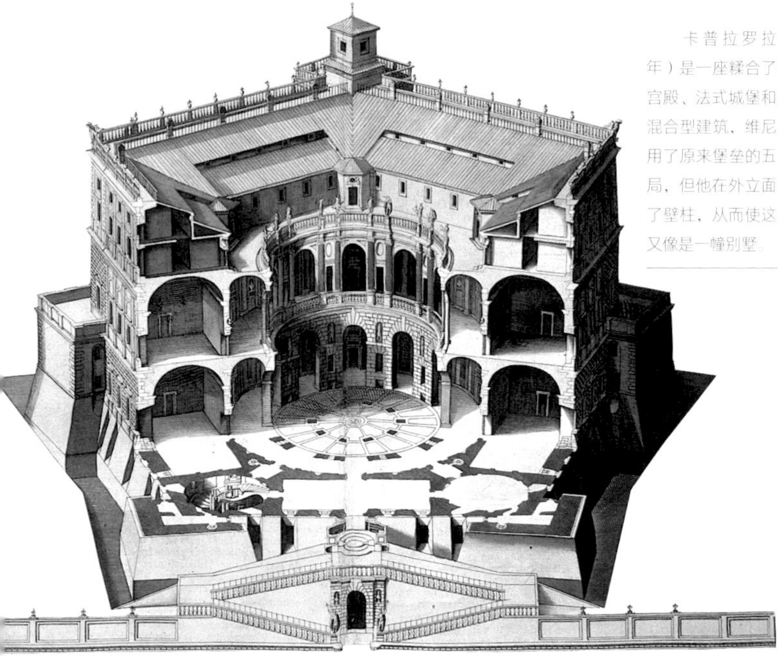

卡普拉罗拉（1559年）是一座糅合了意大利宫殿、法式城堡和别墅的混合型建筑，维尼奥拉沿用了原来堡垒的五角形布局，但他在外立面上添加了壁柱，从而使这座建筑又像是一幢别墅。

纳的乌尔比诺公爵府，伯拉孟特的梵蒂冈宫望景楼均采用了螺旋形楼梯，但仅仅是因为他们必须按中世纪的做法建造一段斜坡以便人们可以骑马爬升。至于卡普拉罗拉，由于楼梯处于角塔之中而使维尼奥拉不得不采用螺旋式楼梯。然而帕拉第奥在威尼斯卡里塔女子修道院中修建的椭圆形螺旋式楼梯则是出于他对这种形式的偏爱。

别墅

在文艺复兴时期的意大利，人们又发明了一种新的住宅类型——别墅。最早的有老科姆的别墅、卡法乔洛别墅和卡雷基别墅，但经过米开罗

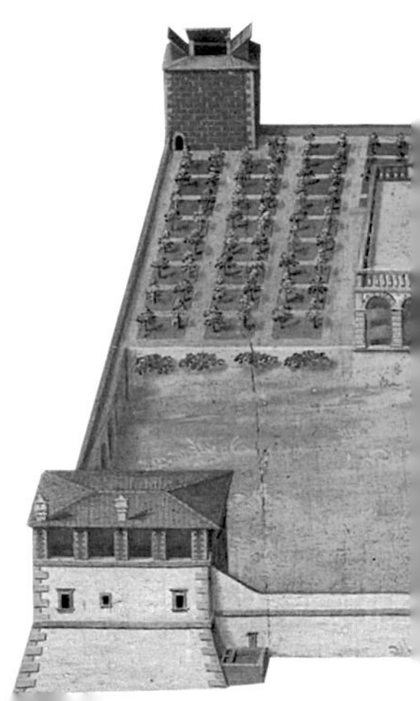

佐的修改后，只能说是一些外形坚固的小城堡。不久受集中式形制的影响，建筑师们将这种形制也应用到了这一领域。朱利亚诺·达·圣加洛为美男子洛朗设计了一座近似集中式的方形别墅，朱利亚诺·达·马亚诺为那不勒斯国王在波焦雷亚莱别墅设计了一座四边形庭院——四角有四座塔楼的建筑。此后，别墅的演变一直朝着观景的方向发展，选择较高的地势以作为观赏景致的亭台，外围安置环绕式凉廊以便观览全景。最有意思的作品是在威尼托地区，由法尔科内托在卢维里亚诺建造的帕多瓦主教别墅以及由珊索维诺建造于蓬泰卡萨莱的加尔佐尼别墅，这些别墅将威尼斯宫殿建筑的传统风格——对外敞开式——与古代风格结合在一起。在托斯卡纳和罗马周围，别墅的发展主要体现在花园的整治上。相反，在威尼托，由于威尼托贵族移居于这片“坚实的土地”之上而造成了这类乡村住宅不断增多，帕拉第奥则巧妙地将古代风格与乡村特点结合起来，对这一类型的建筑进行了革新。维琴察的圆厅

由朱利亚诺·达·圣加洛修建的位于波焦阿卡亚诺的别墅（大约1480年）是第一座总体布局的佛罗伦萨别墅，该建筑几乎完全对称，类似集中式布局。朱斯托·乌腾斯的绘画（中图）展现了原来其正面的楼梯，后来这一楼梯按普拉托里诺楼梯的模式（第53页）重新修筑。据瓦萨里记载，美男子洛朗曾要求圣加洛建造一座“他本人头脑中的作品”，建筑师就这么做了，而且“完全符合洛朗的口味”，因而圣加洛被任命负责这一工程。

CC 2

帕拉第奥的别墅

帕拉第奥的别墅是文艺复兴的一大标志。维琴察的圆厅别墅最为著名，因为它是最为完美的一座别墅：布局为四方形，每一面都有一个古代风格柱廊，整个布局以“意大利式”圆顶大厅为中心。所谓意大利式，也就是说，高度为两个楼层。这一式样的唯一缺陷在于很难给中央大厅采光，它只能从圆顶上采光。马塞拉的巴尔巴罗别墅（下一页）几乎与圆厅别墅一样著名，但其成名之处并不在于其建筑的品质，而是由于它地处偏僻从而保存完好，再加上其精美的装饰：房屋之后有一个带喷泉的山林水泽仙女神堂壁龛，两边是亚历山德罗·维多利亚的雕像；在内部有维罗奈斯的壁画，画面优美，立体感极强。

帕拉第奥先是在维琴察因其民用建筑而一举成名，后来在威尼斯服务于教会，最后在威尼托修建了众多别墅。在这幅由奥拉齐奥·弗拉科绘制的肖像画中（左图），他正用手指指着他最后的作品——马塞拉的小神庙（1580 年）的模型。

“从我年轻时开始，就有一种本能的冲动带着我进入建筑的研究领域，因为就我而言，古代罗马人在许多方面均极其优秀，我认为在建造艺术上，他们同样超过了所有的后来人。这就是为什么我将维特鲁威视为艺术大师和引路人。他是古代人中唯一一位在这一领域著书立说，并流传至今的人，这也是为什么我开始充满好奇地研究、观察所有这些古老建筑留给我们的珍贵遗产。”

——帕拉第奥《建筑四书》，1570 年

别墅因其优美的集中式形制，以及四面建有巨型柱廊的古代式庙宇形态而成为帕拉第奥最著名的作品，但像这样的别墅也仅此一例。最常见的类型则朴实得多了：构造简单的主建筑，正面带有一个古代式门廊，四周则是更为朴素的连拱廊式附属建筑；后者可以布置在同一平面上，如马塞拉别墅和范佐洛别墅。但更为常见的是 T 形或 L 形，或者是两个延伸部分呈凹字形，如弗拉塔·波莱西内的巴多埃别墅，从而围成一个进门庭院。

花园

这幅壁画描绘了由吉罗拉莫·穆齐亚诺建造于蒂沃里的代斯特别墅，它表现了该别墅中花园与喷泉的布局情况。皮罗·利戈里奥从1550年开始为伊波利特·代斯特对该别墅进行修整，从而使其成为第一个将花园放在重要地位的别墅，而令其闻名于世的恰恰就是这些花园，而非别墅建筑本身。

别墅本身隐含着居所与环境之间的一种新关系，也就导致了花园的重大发展。按中世纪的传统，花园是许多相对独立、按一条轴线布局的小园地的总和，各园地通过窄门相连。然而，不久之后，花园中又添加了带有雕像的喷泉，以及小片池塘，从而变得更富于情趣。那不勒斯国王的波

焦雷亚莱别墅，因其面临港湾，遍植柑橘，还有众多池塘，而在该类建筑中享有盛名。令查理八世时期法国人着迷的也许并非别墅建筑本身，而是别墅的花园。在罗马，花园由于增加了古代雕像而更显丰富多彩，此后，这就成了普遍的做法。另外，罗马的花园内还利用其所在丘陵的自然泉水增加了水景、水的层次以及喷水柱组群。蒂沃里的代斯特别墅堪称这类花园中保存得最好的作品。到了 16 世纪下半叶，在朗特·德·巴尼亚亚和卡普拉罗拉中，甚至还出现了“河流”，这一成分后来便是巴洛克花园的一大特点。然而板块式结构依然是惯常做法，只有在美第奇弗朗索瓦一世的普拉托里诺别墅中这种结构才受到了冲击，一座山丘上散落布置着房屋与岩洞，这种风景如画的布局可以说是一次革命，对 17 世纪各类建筑产生了重大的影响。

但在文艺复兴时期意大利以外的地区，由并排的方形园地构成的传统意大利式花园得到了模仿，就像雅克·安德鲁埃·迪塞尔索在法国发表的笔记所记述的那样。

巴尼亚亚的朗特别墅离维泰伯不远，也因其美丽的花园而著名，以至于这些花园甚至被绘入一幅壁画中（下图），该壁画描绘了该别墅里两座楼阁中的一座。

西班牙宫殿建筑

意大利宫殿建筑只能在一个像西班牙那样的地中海国家产生一定的影响。西班牙很轻易地将意大利式宫殿建筑按其自身的传统进行了改造。他们将古代柱式运用于其建筑的内院中，如布尔戈斯的米兰达宫和萨拉曼卡的爱尔兰人学院；有时也将古代柱式用在建筑正面，如乌韦达的瓦斯凯·德·莫利纳。在拉卡拉奥拉，我们甚至发现了一个具有典型15世纪末风格的内院，它完全在热那亚建造，并由热那亚工人搭建起来，还有埃尔维佐·德尔马尔凯的圣克鲁兹宫，它由一名移居国外的贝加莫人建造，完全是意大利法尔内塞风格传统宫殿建筑的翻版。

布翁塔伦蒂为托斯卡纳大公弗朗索瓦一世建造的普拉托里诺别墅，是文艺复兴时期花园布景最为独特的别墅（左页上图）。长长的轴线大道，布置着喷泉与雕像的树林，如画般的瀑布，已经生动地展现出了伟大世纪法国花园的典型特征。就这些特征而言，普拉托里诺别墅已经是一个公认的模式了。

萨拉曼卡的爱尔兰人学院于1529年由迭戈·德·西洛埃设计，依然采用了各层以某种柱式构成的连拱廊结构的意大利模式。

尚博尔城堡的设计初稿（1519年）仅仅规划了一个四方形城堡，其内部由四个希腊十字式样门厅划分，而这一方形布局后来被扩展成一个很大的长方形结构（上图）。其对称分割的集中式形制受到了托斯卡纳别墅建筑的影响。

法国的城堡

在法国及其他北方国家，意大利模式与当地的传统和气候都不相适应，因而它对于城市建筑没有产生影响，当然莱斯科的卢浮宫和多米尼克·德·科尔托内的巴黎市政厅是两个例外，它们是按弗朗索瓦一世的旨意建造的，因而因其功用特殊而成例外。法国旅馆依然是一种不连续的住宅建筑，在庭院深处构筑凉廊，最好的旅馆还配以柱式，通常还带有朴实的侧厢。只有在城堡建筑上，我们才能看到意大利的影响。在别墅建筑中盛极一时的集中式形制自弗朗索瓦一世统治初期起开始影响到了法国，例如尚博尔城堡的初始设计方案，其作者可能是多米尼克·德·科尔托内，而且也受到了列奥纳多·达·芬奇的影响，从最终建成的样子以及像以雅克·安德鲁埃·迪塞尔索的雕刻而著名的圣日耳曼的拉米埃特城堡和埃唐普公爵夫人的沙洛

成堡之类的方形布局小城堡上也可以感受到这种影响。然而这种形制很难满足大型皇家建筑发展的需要，除非对其原则进行改动并使这种影响不那么强烈，如同尚博尔城堡那样，其最终的平面结构是一个很大的长方形；又如布洛涅公园的马德里堡，它由一个共有的大厅将两个集中式形制的建筑体连接在一起。线型结构仍然是主流，最规则的情况是环

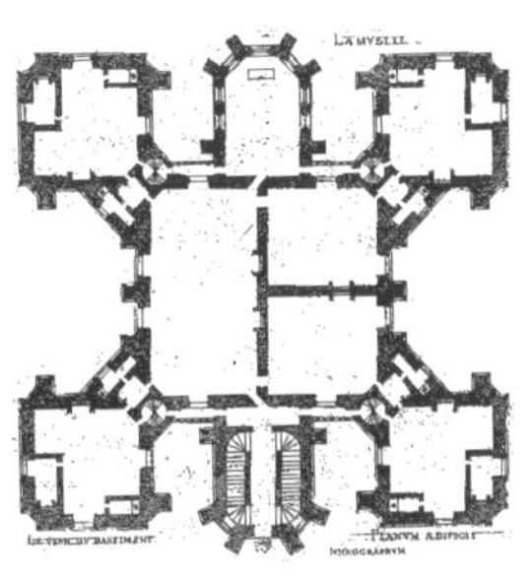

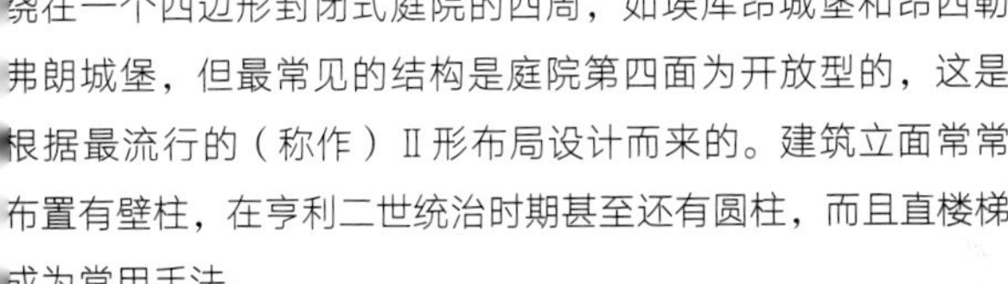

绕在一个四边形封闭式庭院的四周，如埃库昂城堡和昂西勒弗朗城堡，但最常见的结构是庭院第四面为开放型的，这是根据最流行的（称作）Π形布局设计而来的。建筑立面常常布置有壁柱，在亨利二世统治时期甚至还有圆柱，而且直楼梯成为常用手法。

拉米埃特城堡的猎人聚会厅（平面图见上图）于1542年建造在圣日耳曼森林，因其功用简单而能够按意大利人钟爱的集中式形制建造，但这也是法国的最后一例。由莱斯科于1546年起重建的卢浮宫（左页下图）在布局方面没有进行深入的探索。其优点完全在于装潢华丽的正面，其中央柱间跨度按法国流行式样，通过由叠合圆柱构成的突出部分得到了强化。

克恩顿地区德拉瓦河上的斯皮塔尔堡（左图）由意大利人从1539年开始建造，模仿了意大利层叠凉廊式庭院的做法，但像法国一样，其一角的楼梯破坏了门窗洞的节奏与层次。

日耳曼城堡

在帝国中，新思想的影响就更小了，只有在由意大利移民建筑师建造的建筑上，这些新思想才得以运用：如奥地利

德拉瓦河上的斯皮塔尔堡，波兰建筑师帕斯卡利尼在于利希的城防堡垒（毁于第二次世界大战）中建造的宫殿，巴伐利亚州的兰茨胡特的建筑（历代巴伐利亚公爵的府邸和特劳斯尼茨堡），以及由弗雷德里克·絮斯特里斯建造于慕尼黑府邸中的一些建筑。在众多城堡中，似乎文艺复兴的风格仅仅是通过法国才流传到那儿，而新词汇也仅仅应用于装饰领域，既不涉及布局也不涉及比例，海德堡就是一例。

米开朗琪罗大约在1540年时提出了罗马卡皮托利广场（左图）的重建方案，他给该广场赋予了众多独特的创意：确定雕像范围平地面积的椭圆形台阶，为纠正透视缩窄错觉而按梯形布局安置在两边的宫殿，取代传统连拱廊的连续下楣长廊以及巨型柱式壁柱。

公共广场

在文艺复兴时期的意大利还出现了一种新的建筑类型——整齐的公共广场。一开始，它还只是个别情况，但后来就得到了长足的发展。第一个公共广场是15世纪末的维杰瓦诺广场，坐落在米兰公爵府旁边：这是一个长长的长方形广场，一面俯视着主教堂，其余各面围绕着相同的柱廊建筑，其建筑布景均为油漆彩绘。威尼斯的圣马可广场最初只是主堂前的一大片空地，后来逐渐按上述模式发展，在圣马可总督府前面建造了长长的统一门面。但这一广场一直没能达到完全对称，因为新市政大厦又采用了连续长廊的模式，并运用了层叠的传统柱式，从而迥异于旧市政大厦，而且与大教

卡纳莱托的画以整个篇幅展现了拿破仑改建之前的圣马可广场（左图）；新市政大厦向右方一直延伸至珊索维诺的圣热米尼亚诺教堂。帕里斯·博尔多纳描绘了总督从一位传教士手中接过象征他与阿德里亚蒂克结婚的戒指的场面，为了给这一典礼安排一个地点，他画上了一些层叠凉廊式建筑，这些建筑令人想起圣马可广场上的市政大厦（下图）。

堂相对的一面，在拿破仑王朝重建之前也是一座教堂——圣热米尼亚诺。至于由米开朗琪罗重新设计的罗马卡皮托利广场，它是历史上唯一一个独具创意的广场，因为它将名副其实的椭圆形广场与围绕在广场三面的梯形布局建筑群完全划分开来。广场只是三面被围，第四面为敞开的，而且只有侧翼的两座宫殿是对称的。整齐划一的公共广场不管怎样还是取得了进展，于16世纪末随着扎莫斯克的作品传至波兰和意大利的里窝那，到了17世纪初发展到了都灵、巴黎（孚日广场和多芬纳广场），甚至在1630年影响到了伦敦（考文特花园）。文艺复兴对个体建筑进行革新之后，掀起了一股思潮，这一思潮逐渐地改变了城市的整体面貌。

HOC
VIRTVTI AC
OLYMPICOR ACADEM
A FVNDAMENT
ANN MDLXXXIIII

维琴察剧院（1580年）因为是由奥林匹克学院任命帕拉第奥建造的，所以得名奥林匹克剧院。该剧院采用了古代半圆形阶梯形模式，顶端为柱廊，正面部分为景象宏伟的柱式叠合立面。但从其三个门洞可以看出，建筑师喜欢以透视原理展现一座房屋整齐划一的理想之城的街道。这一布景被认为表现了底比斯的街道，因为1585年该剧院在落成时上演的就是索福克勒斯的《俄狄浦斯王》。

一门高雅艺术是以一种文化以及传递这一文化的著作为前提的。古代文明只留下了一本建筑论著，即维特鲁威的论著。人们对这本论著进行了研究、出版、翻译，同时也给予了评论和说明。人们同样也雄心勃勃撰写著作以期能够取而代之。文艺复兴时期各国的建筑师都纷纷著书立说，而印刷术的出现也保证了这些著作的传播。

第五章
新的学科

维特鲁威著作的巴尔巴罗译本（威尼斯，1556年），其书名页以凯旋门的形式出现，书名则位于屋顶层题献词的位置。

随着文艺复兴新观念的出现，建筑已不再仅仅是一些实践经验的集合，而是形成了一门科学，它要求掌握多种学科：首先是绘画和透视，同时还有几何、数学基础及专业语言基础，最后是古代柱式及线脚元素。建筑师在意识到他所担负的责任并关心其艺术的同时，还需要对工程设计要求和总体构图有一个基本的思考，而这一思考应领先于客户以便对其进行解释，这同样也使他必须考虑一些综合性问题——如对场地的适应、卫生状况、城市规划、经济、风景安排——以及一些技术性问题——如引水、土地平整、布局等。为了熟悉所有这些领域，建筑师需要相关的书籍。

维特鲁威著作的各种版本

DI
Lucio
Vitruuio
Pollione de
Architectura Li-
bri Dece traducti de
latino in Vulgare affi-
gurati: Cõmentati: & con
mirando ordine Insigniti: per il
quale facilmente potrai trouare la
multitudine de li abstrusi & reconditi Vo-
cabuli a li soi loci & in epsa tabula con sum-
mo studio expositi & enucleati ad Immensa utili-
tate de ciascuno Studioso & beniuolo di epsa opera.

Cum Gratia & Priuilegio.

建筑师最先参考的是维特鲁威的论著。如果相信奥古斯都时代编纂的著作仍具有现实意义，那就未免有些天真，古代文化的一切都在其中得到了忠实的体现和研究。因此，维特鲁威的著作有幸在 1486 年于罗马付印，随后在 1495 年至 1497 年，其他版本也相继在佛罗伦萨和威尼斯出现。然而著作除了缺乏现实意义外，还有别的不足之处：著作用难懂的语言写成，拉丁语中还布满了许多希腊语专业术语，只有学识渊博的人才能理解，且内容既晦涩难懂又缺乏插图说明。弗拉·焦孔多 1511 年在威尼斯出版的版本，其优点也许并不在于对几个世纪以来积累的文本印刷错误做了修正，而在于配有尽管仍属简单但已具启发性的插图说明；因此该版本

由切萨里亚诺翻译的维特鲁威著作意大利文版，其书名页（科姆，1521 年，左图）既没有文字也没有古代装饰，只有印刷者的标记。

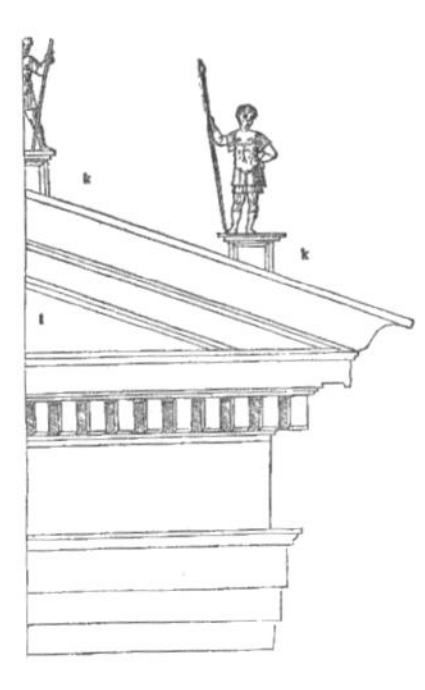

第一个附插图说明的维特鲁威著作版本，即弗拉·焦孔多的译本（威尼斯，1511 年），介绍了雕刻有简单却富于表现力的图案的木制品（左图）：一个“四柱式”庭院，四周由柱廊围成。柱式还没有确定，但柱顶盘采用的不是拱形，而是下楣（额枋）。同样，三角楣的示意图（上图）无法为线脚装饰提供范例，但它最起码清楚地展现出了其构成要素。

iectis ſub trabibus angularibus columnis, &
rmitatem præſtant, ꝙ neq; ipſæ magnum im/
e,neq; ab interpenſiuis onerantur,

立刻重印了多次。然而，尽管有了插图，这本论著对于普遍都不具备较好拉丁文水平的建筑师来说还是很难理解。当拉斐尔决定要认真学习这一领域的知识时，他不得不让拉丁文研究者法比奥·卡尔沃来翻译维特鲁威的著作。

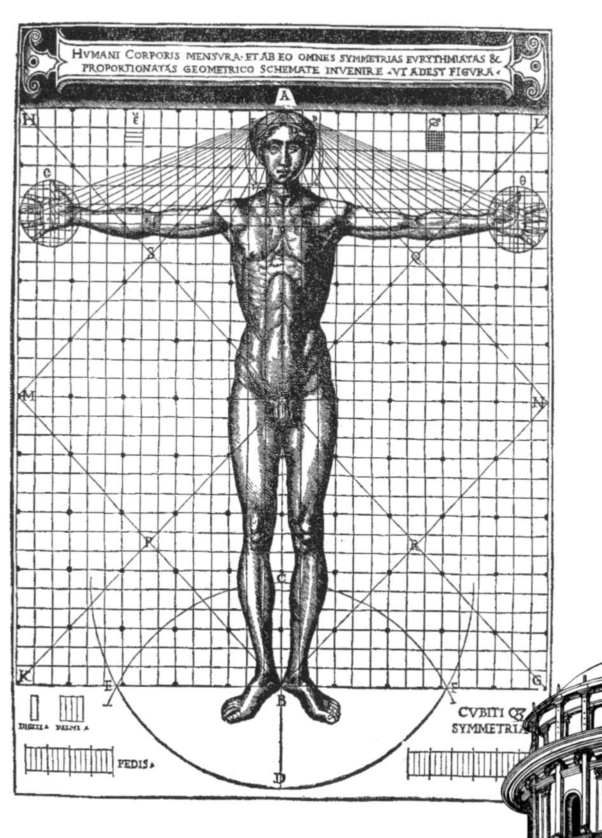

如维特鲁威所阐述的那样，从古代文明产生起，人体比例就是理论的基础，所有翻译该论著的人都必须涉及这一内容。旁边这幅插图中，切萨里亚诺（1521 年）将人体画在一个正方形中，正方形的中心是代表性别的部分，而肘部和膝盖均处于 1/4 的位置。

配有插图的译文

决定性的进展是由切萨里亚诺完成的，他于 1521 年在科姆出版了第一个意大利语版本，该版本除了配有一篇文字注解外，其中的插图远比弗拉·焦孔多的版本更为精致。其他版本也随之出现，但其译文均不如该版本通俗易懂，而且以后出版的版本不仅通过插图的准确性，而且也凭借文字注解的质量来区分好坏。由威尼斯贵族、人文主义者巴尔巴罗于1556年在威尼斯出版的译著尤其受到欢迎，因为他在这两个方面都得到了帕拉第奥的帮助。

同样的情况在欧洲各地随之出现。勒农库尔的秘书及著名的意大利研究者让·马丁，于1547年在巴黎出版了第一个法语版本，该版本重现了弗拉·焦孔多版本的木雕的主要部分。虽然历史学家仅仅将让·古戎视为雕刻家，但他也确实是一位建筑师，他不仅在翻译中协助了让·马丁，而且还为他画了一些质量上乘的补充插图。同一年，瓦尔特·吕夫，即里维尤斯，在纽伦堡出版了第一个德语版本，该版本不仅配有切萨里亚诺的文字注解的译文，同时还汇集了以前不同版本中的插图。1582年在阿尔卡拉出现了由米格尔·德·乌雷亚翻译的西班牙语版本。

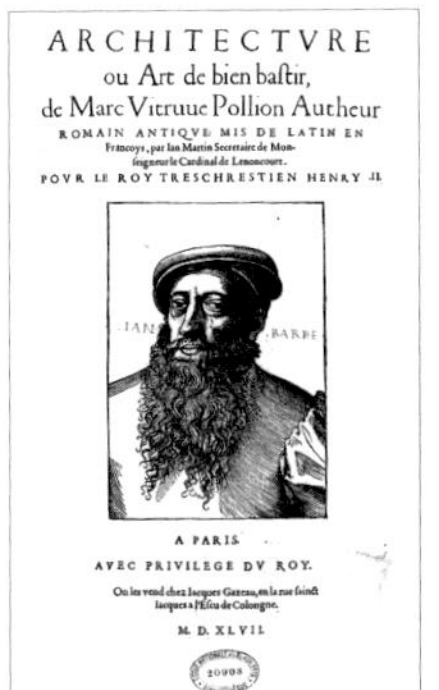
ARCHITECTVRE
ou Art de bien bastir,
de Marc Vitruue Pollion Autheur
ROMAIN ANTIQVE MIS DE LATIN EN Francoys, par Ian Martin Secretaire de Monseigneur le Cardinal de Lenoncourt.
POVR LE ROY TRESCHRESTIEN HENRY II.

A PARIS.
AVEC PRIVILEGE DV ROY.
On les vend chez Iacques Gazeau, en la rue sainct Iacques a l'Escu de Colongne.
M. D. XLVII.

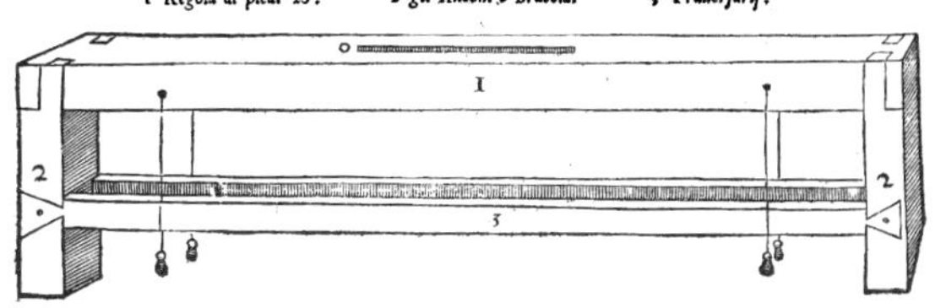

由让·马丁翻译的第一个维特鲁威论著的法语版（1547年），其书名下的画像不是作者，而只是书的印刷者让·巴尔贝。在帕拉第奥的帮助下，巴尔巴罗也出版了其译著（威尼斯，1556年，下图），在他的译著中，评论得到了进一步完善，而插图甚至涉及了一些附带的内容，如水位以及用尺与铅垂测量的方法。

根据维特鲁威对雅典风楼的描述，许多配插图版本的作者绘制了一些有趣的插图。切萨里亚诺可能受到古罗马圆形剧场的启发而画出三层嵌入式圆柱连拱廊和一个无窗洞的顶层（左页图）。

阿尔伯蒂的论著

维特鲁威的功绩在于他从原理上对建筑进行了阐述，提出了建立在和谐基础上的比例理论，将建筑艺术从单纯的实际问题中脱离出来，并且拓宽了人们的思想。但他的论著中所考虑的项目已经过时，尽管古代建筑部分重新具备了现实性，但对柱式理论的阐述则比较模糊和不完整。文艺复兴需要一本能满足其需要的论著。阿尔伯蒂已经感觉到了这一点，并在 1450 年左右编纂了一部《论建筑》，这部论著分成 10 本书，很显然他想成为现代的维特鲁威。因此该论著也有如下缺点：用拉丁文写成；尽管纲要具有逻辑性，但内容局限于一般的考虑；仍然是一部理论及回顾著作；仅以古代建筑的例子为依据；更多的是参考而不是解决方法。在写这部著作时，阿尔伯蒂几乎还未建造过任何建筑物，他主要是为像他一样的学者们，而不是为建筑师们写的。因此，他的著作得到了前者的欢迎，并以漂亮的手稿形式流传——其中有一本在乌尔比诺公爵费代里戈·达·蒙泰费尔特罗的图书馆内，另有两本在匈牙利国王马提亚一世的图书馆内——这本著作于 1486 年得到印刷，1550 年由科西莫·巴尔托利译成意大利语，但它始终未触及这个行业的人员。该书的贡献在于使学

LEONIS BAPTISTE ALBERTI DE RE AEDIFICATORIA.
INCIPIT LEGE FELICITER:
[M]VLTAS ET VARIAS ARTES QVE AD VITAM BENE BEATEQVE AGENDAM FACIANT SVMMA INDVSTRIA ET DILIGENTIA CONQVISITAS NOBIS MAIORES NOSTRI TRADIDERE.
Quae omnes et si ferant prae se: quasi certatim huc tendere ut plurimum generi hominum possint: tamen habere innatum atque insitum eas intelligimus quippiam: quo singulae singulos praeterea diversosque polliceri fructus videantur: Namque artes quidem alias necessitate sectamur: alias probamus utilitate. Aliae vero quod tantum circa res cognitu gratissimas versentur in precio sunt: quales autem hae sint artes non est ut prosequar: in promptu enim sunt: verum si repetas ex omni maximarum artium numero nullam penitus invenies: quae non spretis reliquis suos quosdam et proprios fines petat et contempletur. Aut si tandem comperias ullam: quae cum huiusmodi sit: ut ea carere nullo pacto possis: tum

这份阿尔伯蒂论著的文稿（左图）带有匈牙利国王马提亚一世的徽章，他是意大利艺术与藏书的狂热爱好者。

者们开始了解建筑创作中的基本问题，并且有可能使他们成为有评价能力的合作者和古代风格的拥护者。

乌尔比诺公爵费代里戈·达·蒙泰费尔特罗不仅是位学者，同时也是一位军人。他想丰富其图书馆内的藏书，但不希望其中有一本印刷版的书。画中（中图）全副武装的公爵正在阅读，这幅画用天真的手法将这位公爵个性中很难统一起来的两大主要特征展示于世人面前。

塞利奥的《建筑八书》

许多建筑师意识到需要编写一本论著，并着手实现这一计划。但也许由于时间不够或缺乏理论准备，他们常常半途而废：对于一些古代建筑的记录仅仅是随意而为，而并非经过精心选择；维特鲁威的论述与古代遗迹实例之间的矛盾困扰了他们对于柱式的研究。因此，在众多无名的手稿中，弗朗切斯科·迪·乔治、朱利亚诺·达·圣加洛或其后一代的贝尔纳多·德拉·沃尔帕亚和乔凡·弗朗切斯科·达·圣加洛的著作多少可算是成功的著作。

塞利奥著作的最大优点是清晰明了。这是其《几何与透视》一书中的一幅插图（1545 年）。

第一个基本完成其计划的是一位建筑师，名叫塞利奥，他更为关注的是理论和教学，而不是实践，而他自己几乎从未建造过任何建筑物。罗马之劫后，塞利奥到威尼斯避难，在那里，他计划编纂一部巨大的论著，该论著分成 10 本书，每本书阐

Extraordina
RIO LIBRO DI ARCHI
TETTVRA DI SEBASTIA
NO SERLIO, ARCHITETTO
DEL RE CHRISTIA-
NISSIMO,

述建筑艺术的一个分支。他没有按顺序出版这些书：首先出版的是第四本有关柱式的书（威尼斯，1537 年）；然后是第三本有关罗马古代建筑，并补充有一些现代杰作的书（威尼斯，1540 年）。1540 年，塞利奥应弗朗索瓦一世的邀请前往法国，并定居于枫丹白露宫，他继续以双语版的形式在巴黎出版了第一本及第二本有关几何和透视的书（1545 年）；然后是有关教堂，即宗教建筑的第五本书（1547 年）；最后是一本“编外书”，也就是说超出了其编写计划范围的书，有关建筑物的正门（里昂，1551 年）。第七本书谈论的是“事故”——我们解释为古建筑的变体，这本书直到塞利奥死后才于 1575 年在法兰克福出版。第六本是最为重要的，因为这本书阐述了城市及乡村的民用建筑，并且以两本手稿的形式在法国流传，产生了一定的影响，但它们直到我们的时代（1967 年和 1978 年）才得以出版。第八本有关设营术（罗马军营）的书至今未出版过。

虽然不太可能实现，但塞利奥还是提出以几何图形为基础的平面图。在“编外书”中，他发表了其在枫丹白露宫建造的大门图案（下图）。

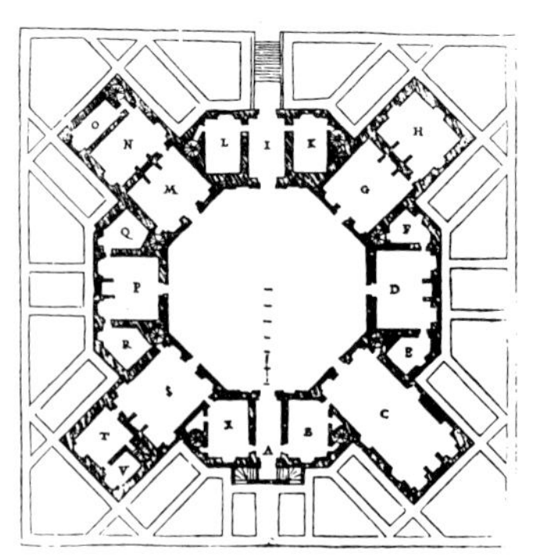

塞利奥的后继者

塞利奥在建筑文学史上树立了一块里程碑，因为他不像前人一样满足于将古代建筑看作唯一可能列举的典范来介绍，还设计了以简单几何图形（圆形、方形、八角形等）为基础的各种变体，用于阐述文艺复兴理论各种可能性的实际例子。这一实际使命在后继者的出版物中均有体现。未从事过建筑而只是一名杰出画家的雅克·安德鲁埃·迪塞尔索，可能参考了塞利奥第六本书的手稿，于 1559 年出版了《建筑之书》。在这本书中，他介绍了 50 个民用建筑项目，这些项目适合不同消费层次，并且按顺序从最便宜的到最昂贵的，从最简单的几何图形到最复杂的（或不现实的）来排列。1582 年，他又出版了一本汇集 38 个城堡设计方案的书。这些出版物对法国民用建筑产生了很大的影响，这可以通过 16 世纪末的城堡如维德维尔堡和格罗布瓦堡来体现，这一影响一直持续到 17 世纪 30 年代至 40 年代。至于帕拉第奥，他于 1570 年在威尼斯出版了一套 4 本书的论著。在该论著中，他像塞利奥一样，从古代典范出发阐述其理论，然后他通过自己的作品阐述了其理论在现代的应用——区别在于所列举的个人作品大多数是已建造的建

雅克·安德鲁埃·迪塞尔索在其最后一本书（1582 年）中介绍的第六项设计方案表现了 16 世纪末法国中型城堡的风格：没有柱式，也没有运用墙面砌块效果。凸出的塔楼，以及正中的凹面使人想起格罗布瓦堡（1597 年）。

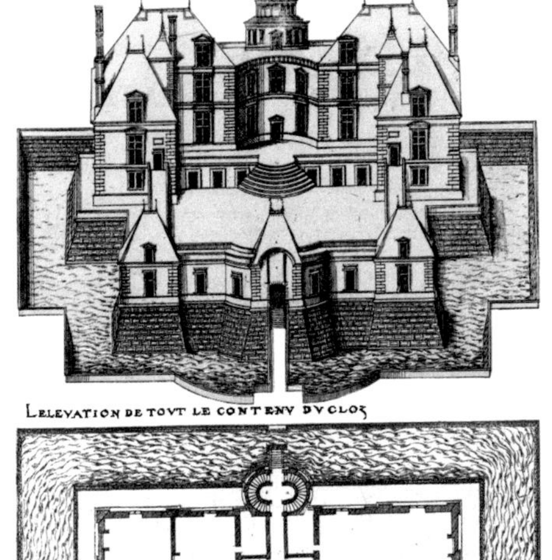

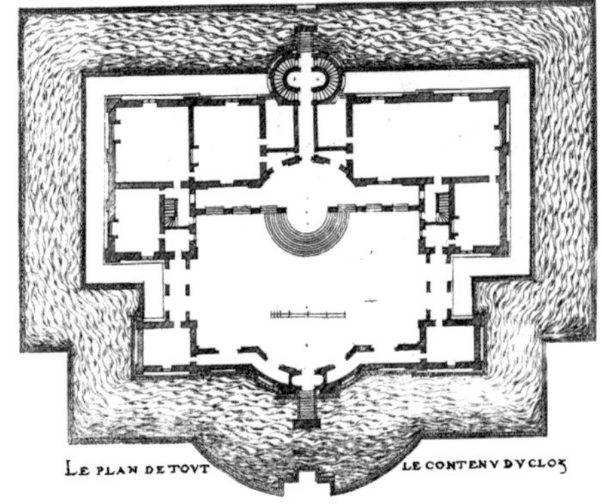

筑。他的门徒斯卡莫齐在其《通用建筑理念》一书的编写中也模仿了这样的做法（威尼斯，1615 年）。

菲利贝尔·德洛姆在其 1567 年出版的《建筑》一书中，以其更像维特鲁威的写作方式和更为理性的语气区别于这一传统做法。从根据风水情况来选择场地到墙面砌块和装饰等细节，他按照建造过程中各种不同步骤的先后顺序来阐述其理论，所用的语言更像是说教式的，或者说是教学式的；阐述的方式更注重原理的论述，而不仅仅是举例。但是，在他的构想中，这本书只是“第一卷”，至于从未面世的第二卷，也许会以他自己的作品为例提出一些可供模仿的范例，为此，他已经让人开始雕刻其作品的建筑图版画了。他的论著如果完成的话，也许可以说是维特鲁威的现代版和塞利奥的法国版。

REGINA VIRTUS

I QUATTRO LIBRI
DELL'ARCHITETTURA
Di Andrea Palladio.
SI TRATTA DELLE CASE PRIVATE,
CON PRIVILEGI.

IN VENETIA,
Appresso Dominico de'
Franceschi,
1570.

帕拉第奥论著的书名页（1570 年）根据威尼斯人的口味，以装饰繁复的建筑物正面的形式出现。

柱式手册

除了这些试图对建筑进行深入研究并提供思路的鸿篇巨制外，文艺复兴还出现了一些关于制图及柱式比例的专题性实用书籍，我们称之为手册。这些手册主要是为实践者而写的，数量很大的手册说明确有此需求。第一本手册于 1526 年由迭戈·德·萨格雷多在西班牙出版。塞利奥随后于 1540 年出版了其“第三书”即《建筑的普遍规律》，这本书立刻在安特卫普以弗拉芒语出版（1540年），然后被译成德语和法语（1542 年）——所有这些书都经过多次再版。同样的情况在日耳曼国家也相继出现，如瓦尔特·吕夫（里维尤斯）的版本（纽伦堡，1547 年）和汉斯·布伦的版本（苏黎世，1550 年）。但是，维尼奥拉于 1562 年出版的手册

《五种柱式规范》，以其简易实用而远远胜过了其他手册。

于是，文艺复兴的建筑师逐渐拥有了一系列满足不同需求的书籍，从普遍理论到范例汇编及实用手册。所有这些书都配有丰富的插图，可能其价格比较昂贵，但它们的数量及不断再版证明了价格并不造成其成功的障碍。很少有人能达到德洛姆的思考水平或具备帕拉第奥的考古学水平，但不管怎样，虽然不能成为真正的人文主义者，至少他们拥有了一批专业的藏书。

在建筑论著中我们经常可以看到意大利大师的形象，维尼奥拉的论著中就有一幅其肖像的插图（上图）。相反，我们却很少见到法国大师的形象。然而在19世纪，我们还是看到了一幅德洛姆的肖像画（中图），其服装及严肃的表情也与其人颇为吻合，其论著的书名页（旁图）表现出一种严肃和朴实的味道，更注重空间的布置而非追逐时尚。

中世纪时，所谓教堂建造者，指的只是泥瓦工、石匠或木匠——这实际上是由他们所受到的训练决定的。当要求他们建造更为复杂的工程，并掌握更为丰富的文化知识时，文艺复兴给了他们一个希腊语名称：建筑师，并将他们看作艺术家。

第六章
新的职业

在韦基奥宫的天花板上（右图），瓦萨里描绘了美第奇家族的科姆一世被为其服务的艺术家所环绕，在这些艺术家中，左边是细木工匠塔索在向他介绍梅尔卡托·努奥沃宫的模型，右边的雕塑家特里波罗在向他介绍卡斯泰洛别墅的喷泉模型。波塞蒂在一幅装饰奥菲斯宫的壁画中描绘了一个正在参观军事工程师作坊的贵族老爷（左页图），其中工匠们正在绘制建筑图和制作模型。

建筑图样的必要性

一门如此注重几何、对称、比例的深奥的建筑学应当预先考虑到所有的情况。不能再像中世纪时常见的那样，在没有确定立视图的情况下，仅仅根据一个简单的示意图就进行建造。中世纪时建造的“奥妙”，即工匠的专业技能，在于通过以三角形或四方形示意图为基础的简单比例体系从平面图推断出立视图。从此以后，必须要制订一个精确的设计方案，而要做到这一点，建筑图样成为一个必要工具。于是，建筑图纸不断完善，成为标有精确尺寸的比例尺的图像，除了平面图还增加了

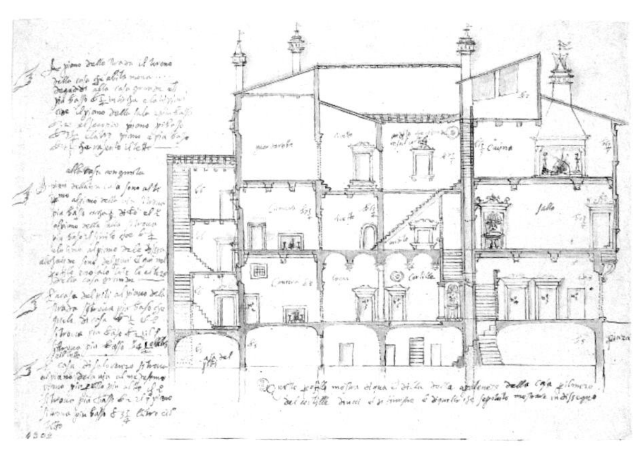

其他的表现形式：剖面图解释了建筑物的结构，正投影立视图或实测立视图体现了建筑物应有的比例；相反，透视图则表现出建筑物在视觉变形情况下的面貌。于是，建筑师不再是出身于工地的技师，而首先应是一名制图者。此外，建筑师并不是通过建造房屋，而是通过制图来掌握其艺术。

剖面图（左图是一种新的表现形式，它可以让人分析建筑物的结构，同时研究建筑物的内部布置。它要求建筑师具备很强的立体想象能力，以及制图师所具有的本领来表现建筑的真实情况。

画家出身的建筑师

因此，文艺复兴最早的建筑师们首先学习的是另一门艺

术。佛罗伦萨建筑的两位创始人，布鲁内莱斯基和米开罗佐都是金银匠出身，这可能会令人觉得难以理解，事实上金银器艺术在中世纪末时仍是一门重要的艺术，它不仅要求精通绘画、擅长雕刻，而且必须具备建筑知识，或者说至少懂得一些建筑形式，因为这些都属于常用的装饰词汇。文艺复兴对建筑语言进行了革新，从而也就打破了这样的联系，因此从 15 世纪中期开始，我们再也找不到从事建筑业的金银匠了。

但是，随着建筑制图的发展，画家成为继金银匠之后的第二人。最著名的画家有了从事建筑的愿望。从未建造过任何东西的列奥纳多·达·芬奇对此进行了深入的思考，他的画册中画满了他想象中的建筑图，其中最多的是辐射状集中式形制教堂，似乎他对这类建筑情有独钟。在晚年，他甚至为法国国王在米兰的摄政官查理·安布瓦兹设计了一幢别墅。锡耶纳画家佩鲁齐的建筑作品比他的壁画更为出名，尤其是位于罗马的法尔内西纳别墅。拉斐尔曾师从伯拉孟特，学习建筑，因而在伯拉孟特死后（1514 年），由他负责圣彼得教堂的建造；从此以后，他将主要时间都贡献在建筑上，请人翻译了维特鲁威的著作，研究了罗马的古代遗迹，设计了玛丹别墅和一些宫

16 世纪末一位佛罗伦萨画家眼中的金银匠店铺（中图）：近景中表现的是工匠正在向一位客户介绍金银制品；远景中工匠们正在锻炉上或工作台上加工金银制品。

列奥纳多·达·芬奇出生于佛罗伦萨，并在那里接受教育，他服务于米兰宫廷。在这样一个伦巴第地区，集中式形制的建筑极为盛行，而他也为这一题材着迷：他在其绘画本中绘制了许多圆顶教堂及辐射状礼拜堂的平面图或投影图（下图）。

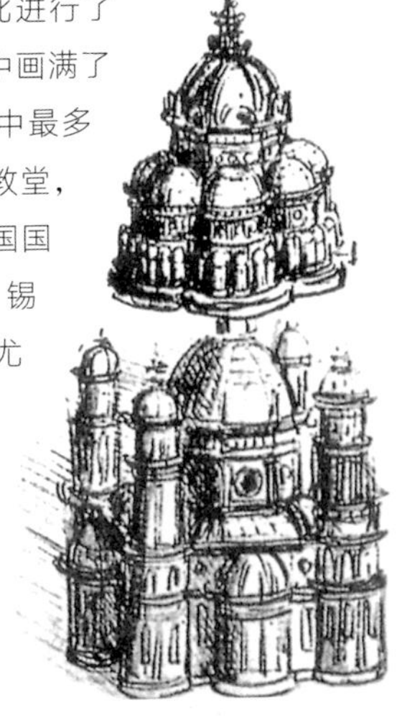

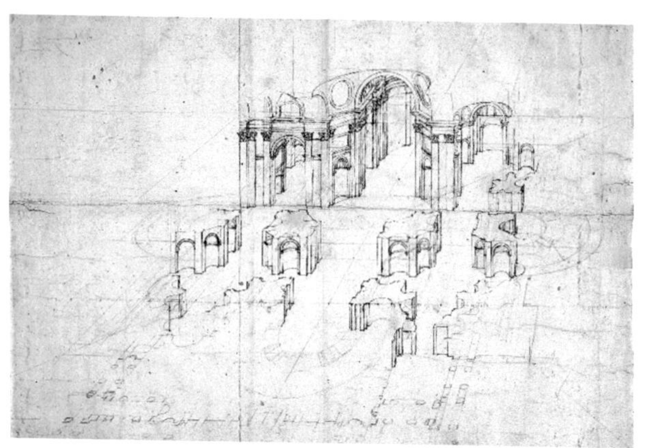

殿（佛罗伦萨的潘多尔菲尼宫、罗马的布兰科尼奥宫），尤其是为圣彼得教堂制订了一个可以取代伯拉孟特似乎从未明确提出的计划。他的门徒于勒·罗曼到曼图亚后同样也成为建筑师，并进行了大量创作，其中有特宫、主教堂公爵府的驯马场庭院。还有维尼奥拉，他也是画家出身，而且他也没有忘记绘画，因为他在卡普拉罗拉庄园还画了一些立体感强且逼真的支柱，以作消遣。瓦萨里一开始仅仅是画家，最后也成了托斯卡纳公爵的建筑师，建造了佛罗伦萨的奥菲斯宫以及比萨的圣艾蒂安柱式教堂。但最彻底的转变可能是博洛尼亚人塞利奥，佩鲁齐的门徒，他先跟从其师学习了绘画，但最终放弃了绘画，而投身于建筑，或更准确地说投身于他的理论。在西班牙，格拉纳达的阿尔罕

伯拉孟特的第一职业是画家，但可能是在其出生地乌尔比诺开始进入建筑领域。罗马圣彼得教堂的重建方案是其生命最后阶段的一件大事。他梦想建造一座远远超过万神庙的巨型圆顶教堂。他的设计初稿仍于 1535 年左右启发佩鲁齐绘制了这幅轴测投影图（左上图），它表现了建筑内部的美。他的学生拉斐尔（左下图）在绘画上一直很著名，但晚年他在建筑上花的时间也不少。除了圣彼得教堂外，他设计的最宏大的建筑是为尤利乌斯·德·美第奇（未来的教皇克莱芒七世）所建的玛丹别墅。只有建筑正面和其反面的圆形庭院的初始部分建成。由凡灵特于 17 世纪中叶绘成（右上图）。

布拉宫的查理五世宫殿的作者，佩德罗·马丘卡曾经也是罗马拉斐尔作坊中的一名画师。

乔治·瓦萨里（下图）是画家，但也成功地转向了建筑领域。

雕刻业出身的建筑师

雕刻师也有投身建筑行业的愿望。米开罗佐曾学过金银细工，但后来他与多纳太罗合作从事雕刻业，成为老科姆的建筑师，最后甚至放弃了雕刻业。乔瓦尼·安东尼奥·阿马德奥曾是优秀的雕刻师，因负责建造贝加莫的科莱奥尼礼拜堂而成为建筑师，而且像威尼斯的皮耶罗·隆巴多一样，积极促进集中式形制在伦巴第的发展。米开朗琪罗曾因兴趣爱好而学习雕刻，成为雕刻师。当他在雕刻和绘画方面成名之后，开始投身建筑业，先是在佛罗伦萨建造了圣洛伦佐教堂的新圣器室，其后在罗马担当起圣彼得教堂工程建设的重任：不管他设计建造什么，例如劳伦齐阿纳图书馆的门厅、法尔内塞宫的庭院、朱庇特神殿、皮亚门，都通

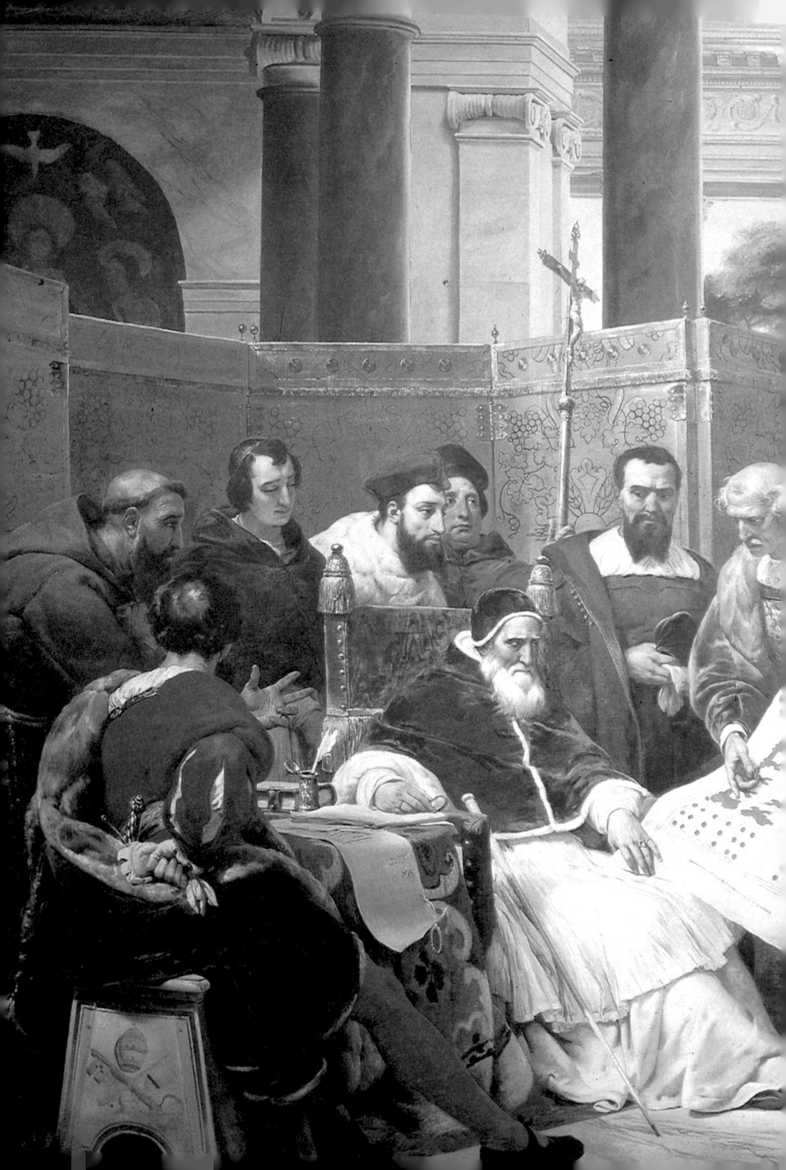

奥拉斯·韦尔内想在这幅卢浮宫的天花板装饰画中描绘在教皇尤利乌斯二世保护下特殊的艺术创作情景：在教皇左侧是米开朗琪罗（尽管他从未留过大胡子，但根据他的断鼻梁可以认出），他刚画好西斯廷礼拜堂的拱顶；在他的前方，伯拉孟特正在向他介绍圣彼得教堂的一份图纸（事实上，该图纸是由拉斐尔在伯拉孟特死后制定的，并且因为塞利奥的雕刻而著名）；右边是年轻的拉斐尔，他的手放在梵蒂冈宫卧室的一幅壁画的效果图上。这种聚会缺乏真实性，但从1508年至1513年这个时间上看却是可能的。

米开朗琪罗（上图）晚年在罗马时才投入参与建筑工作。他的主要任务就是在圣加洛死后（1546年）指挥圣彼得大教堂的工程建设。这项任务对一位老人来说相当沉重。出于恭敬，他才违心地接受了这一重任，但他拒绝接受任何酬劳。米开朗琪罗不断地更新传统建筑中各个部分的建筑图。皮亚门（左图）是他后期的作品之一，其门洞的形状以及支柱和三角楣的建筑图都显示出，这位八十高龄的艺术家依然保持着旺盛的创造力。

过对规则的自由阐述和他制作的各种形状的个人建筑图对建筑语言进行了革新。雅各布·珊索维诺，他的别名还是由他的雕刻老师所起的，但他后来在威尼斯成为市政议会的建筑师，而且为市政议会设计建造了文艺复兴中最有特点的大型建筑——铸币厂、图书馆和连廊；在他之后，他的学生亚历山德罗·维多利亚也绘制了一些宫殿立面图。西班牙的迭戈·德·西洛埃也是雕刻师出身。有意思的是，文艺复兴的大建筑师中很少有人出自建筑业。能够列举出来的仅有威尼斯的莫罗·科迪西、安东尼奥·达·圣加洛、圣米凯利和一开始只是磨石工的帕拉第奥，以及法国的菲利贝尔·德洛姆。

极具天赋的业余建筑师阿尔伯蒂凭其纯粹的古代图形在建筑界崭露头角：这是里米尼的马拉泰斯蒂亚诺教堂的细部。不仅如此，他还撰写过绘画和雕刻方面的著作。此外，他甚至还为自己制作了一幅青铜浮雕（下图）：瘦削的脸庞，悠然的神情以及带有黑眼圈的眼睛都表现出了这位智者强烈的求知欲。

业余爱好者

建筑制图和理论研究使实践经验不再像以往那么重要，从而使一些业余爱好者也成为建筑师。第一个由业余爱好者转变为建筑师的就是阿尔伯蒂，一位接受人文主义的佛罗伦萨贵族，他并不满足于像维特鲁威一样编写一部大型论著，而是投身到建筑创作中，先后在里米尼为西吉斯蒙多·马拉泰斯塔服务，在佛罗伦萨为乔瓦尼·鲁切拉、在曼图亚为吕多维克·贡扎格服务。由于缺乏实际经验，又不接触建筑工地，他不得不委托该行业的人来指挥工程，如里米尼的马泰奥·德·帕斯蒂、佛罗伦萨的贝尔纳多·罗塞

利诺和曼图亚的卢卡·凡切利，这样的授权作业并不总是一帆风顺，但不管怎样，他的作品也在文艺复兴初期最优秀最新颖的作品之列。虽然阿尔伯蒂独具天赋，而且像他这样的例子也不多见，但他并不是唯一一位由业余爱好者转变来的建筑师。定居于帕多瓦的威尼斯贵族阿尔维斯·科尔奈在 16 世纪中期编写了一部短篇论著，他本人也从事建筑设计，如他府邸中的音乐堂；然而他最大的功绩在于促使画家法尔科内托投身于建筑业。还有一位是阿基莱主教巴尔巴罗，他写过一本学术价值很高的关于维特鲁威的著作，而且还支持保护过帕拉第奥。帕拉第奥一开始只是一个普通的磨石工，他的脱颖而出似乎应当归功于维琴察贵族詹乔治·特里西诺的慧眼和扶持，而帕拉第奥也为其建造了一幢别墅。新卢浮宫的缔造者法国的莱斯科，出身于穿袍贵族，似乎以前也只是一位业余爱好者而已，因为在其设计规划中还不得不求助于年轻的巴蒂斯特·德·塞尔索。最后，在 16 世纪末的佛罗伦萨，美第奇家族的唐·乔瓦尼专业从事建筑业：曾在比萨的圣斯泰法诺·德卡瓦列里教堂的正面设计竞标中提出其模型，而且在 17 世纪初最终还是他设计了美第奇巨型祠堂，该祠堂建于圣洛伦佐教堂的后面。

模型与细木工

不管建筑图如何精确，都不足以表现建筑的立体形象，特别是对于不懂建筑图的主顾而言。因此人们依旧按古代的做法先制作一个小型的细木模型，以便人们可以直观地看到该设

美第奇家族的科姆一世，像所有的优秀的艺术爱好者一样，精通建筑制图。瓦萨里在韦基奥宫的一幅画中表现了他正在为锡耶纳竞标做准备，面前为一幅防御工事平面图，他的手里拿着圆规和角尺。托斯卡纳大公费迪南的异母兄弟美第奇家族的唐·乔瓦尼，不仅仅是位业余爱好者，因为自1589年起他便获得了“防御工事、军需品和建筑总监”的头衔。1590年，他与亚历山德罗·皮耶罗尼合作设计了佛罗伦萨主教堂（左页图）的立面模型。

计方案的立体效果。从佛罗伦萨主教堂的圆顶模型开始，在大型竞标活动中，参赛者常常通过模型的展示来说明他们的设计。在具体施工过程中，通常也制作一个详细的模型以便评估施工效果。在一些大型工程建设中，如帕维亚主教堂、罗马圣彼得教堂，甚至还会制作体积庞大、价格昂贵的巨型模型，以便人们可以走进去观测建筑的内部情况，制作这样的模型需要一位能读懂建筑图、

佛罗伦萨圣洛伦佐教堂，即美第奇堂区教堂，在15世纪得到美第奇家族的赞助而得以重建，但还缺少一个正面。教皇利奥十世在1515—1516年冬季参与此事，众多的设计方案被起草。1518年1月，米开朗琪罗开始建造，然而该工程从未完工。他的设计方案可以从几张建筑图和这一木制模型中得知，这一设计几乎全部符合工程合同的各条款。他设想建造一道幕墙，来掩盖教堂的结构而不是将其公之于众：楼层高角为虚空设置。

懂得建筑术语的细木工。也许制作这样的作品就等于上一堂建筑课，可能这就是在文艺复兴的意大利，特别是在佛罗伦萨，许多建筑师曾经做过细木工的原因。对于这些建筑师中最优秀者马内托·恰凯里来说，这一点可以得到肯定，他一开始是负责制作布鲁内莱斯基作品模型的细木工，在布鲁内莱斯基逝世后，他很快成了大师的继承人和圆顶建筑的专家，并以此身份负责建造圣洛伦佐教堂的圆顶。此后负责建造安农齐亚塔主教堂的圆顶圆形祭坛，负责设计了圣米尼亚托教堂中葡萄牙主教的集中式形制祠堂。朱利亚诺·达·圣加洛、西墨内·代尔·波拉尤多（又名克罗纳卡）、朱利亚诺·达·马亚诺都有同样的经历，多米尼克·德·科尔托内也一样，他在法国制作了尚博尔城堡的第一个模型，后来设计了巴黎市政厅。曾为安东尼奥·达·圣加洛制作圣彼得教堂模型的安东尼奥·达·拉巴科甚至还编写了一本建筑专著（罗马，1552 年）。

在这幅由让·博洛涅 1585 年制作的金浮雕中（左图），布翁塔伦蒂正在介绍他设计的佛罗伦萨主教堂的立面模型。罗马圣彼得教堂圆顶的半个模型（下图）是在米开朗琪罗的指导下于 1558—1561 年制作的，但被贾科莫·德拉·波尔塔做过大幅度的修改，后来在 18 世纪又被万维泰利修改过。帕西尼亚诺在这幅画（右页图）中想象了米开朗琪罗向教皇保罗四世介绍圣彼得教堂模型的场景。事实上，画中的模型已包含了贾科莫·德拉·波尔塔在施工中所做的修改。

建筑师地位的提高

建筑制图技术的成熟使得这一行业不再只是一种实践，而是上升为一种科学，其地位也得到了提高。首先这一行业的代表得到了一个源自希腊语的新名字：建筑师。尽管在很长一段时间里，工程师这个词在伦巴第地区依然使用，但这个新名词在 15 世纪的意大利得到了广泛传播。在法国，这个词的引入要更晚更慢一些，因为这一行业的人其职务常与具体建造工作相连，常被称为瓦工长。但随着时间的推移，这两个职务逐渐分离，这个词最终得到

圣弗里亚诺的这幅画在法尔内塞系列丛书中被描述为："一位教年轻人绘制建筑图的老人。"人们推测这两人就是帕尔马公爵奥塔维奥·法尔内塞和军事工程师弗朗切斯科·德·马尔齐。但公爵的脸并非如此，他对工程师的姿态相当随便，而摊在桌上的是一座教堂的平面图。也许更为可信的说法是，这仅仅是一位资深建筑师在给一位年轻的建筑爱好者上课。

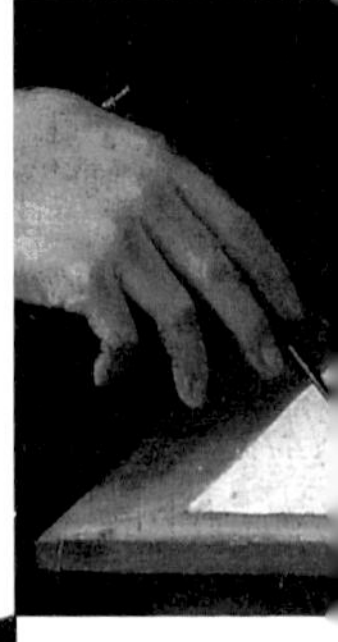

认可。有了这样一个高贵的名字，建筑师也得到了一个更受人尊敬的身份，更何况有别于一般承建人了。他成了一位艺术家，再加上当时各种艺术正受到普遍重视，他也因此而受益。一个有力的证据就是，在意大利，一些建筑师在其作品显眼处署上大名，就像此后画家和雕刻家所做的那样：如马泰奥·努齐在切塞纳的作品（1452 年）、诺维洛·达·圣卢卡诺在那不勒斯的作品（1470 年）、马里诺·塞德里尼在洛莱特的作品（1476 年）、法尔科内托在帕多瓦的作品（1524 年）、帕拉第奥在马塞拉的作品（1580 年）。

同时，建筑师也成了显要人物，成为人们争相结交、谨慎对待和尊敬重视的可贵人才。老科姆把米开罗佐当作朋友一般对待，而当他在 1433 年遭到流放时，米开罗佐则一直陪伴他到威尼斯——他因此得以重建圣乔治的圣罗米阿尔修士图书馆。1447 年，尽管佛罗伦萨主教堂规定不得用作墓地，但其财产管理委员会仍然将布鲁内莱斯基安葬于教堂中最神圣的地方，并决定为他竖立雕刻有其人像和共和国大法官撰写的韵文颂词的纪念碑。乌尔比诺公爵费代里戈·达·蒙泰费尔特罗任命卢恰诺·劳拉纳为其建筑工程的总指挥，在开场白中就表明他是多么崇尚建筑、尊敬建筑师。锡耶纳人弗朗切斯科·迪·乔治曾被聘请至那不勒斯服务，后来又设计了乌尔比诺的大台阶，到杰西和安科纳，以及伦巴第地区的帕维亚和米兰等地建造工程。在法国，菲利贝尔·德洛姆被亨利二世任命为御用神甫和伊夫里修道院院长。尽管帕拉第奥非常谦虚，也被威尼托最好的耶稣会吸纳为其成员。建筑从以往的主流艺术变成了高雅艺术。

自1400年起，规定在佛罗伦萨主教堂内不得建造墓地或者墓葬纪念碑。而因为那位成功地建造了该教堂圆顶的建筑师，人们改变了这一决定。布鲁内莱斯基有幸得以安葬于此，并以拉丁文镌刻碑文，由其门徒安德烈亚·卡瓦尔坎蒂（又名比齐亚诺）雕刻的半身像置于碑上（上图）。下一页，巴尔达萨雷·佩鲁齐在法尔内西纳别墅二楼上绘制了逼真的建筑装饰画，从而实现了他的双重理想。

见证与文献

对于古代风格的再发现和哥特式艺术的抛弃

文艺复兴彻底否定了其视为野蛮的哥特式风格。它想要重新建立造就伟大古代建筑的原则与术语。这一时期的建筑师们因而以满腔热情钻研古建筑遗址，绘制复原图并将其公之于众：他们是最早的考古学家。经过他们的努力，人们开始了解古代建筑的价值所在。他们的努力对于古建筑的保护也做出了贡献。

1402 年在罗马的布鲁内莱斯基

作为一个对于任何事物均目光敏锐、思维缜密的人，布鲁内莱斯基通过对这些雕刻的仔细观察，发现了古人的建筑方式与其对称性：他相信已从中找出一种像肢体与骨骼一样的次序体系……这种建筑形式与当时的迥然不同，从而令他惊叹不已。尽管他观察的是古代雕刻，但他依然全神贯注地关注着这种形式与次序——建筑物的结构、平衡、局部、形式与功能的统一，解决两者矛盾的方法以及装饰。从中他看到古建筑的精美绝伦与神奇之处，于是一马当先在古建筑的卓越之处、精巧之所与和谐的比例之中追寻古代的建筑方式，从而有可能正确地、容易地、经济地像古人那样建造房屋。在罗马逗留期间，他与雕刻家多纳太罗形影不离、同进同出，共同绘制罗马以及周边地区近乎所有建筑物的图纸，记录下了尽可能精确的宽度、高度和尺寸。在许多地方，他们甚至叫人挖掘以便看到建筑物各部分的连接以及它们的特点——它们是长方形的还是多边形的，是完美的椭圆形的，还是其他的形状。同样，他们也能够通过计算一个又一个的地基来推算其高度。对于屋顶，他们则根据屋基和柱脚来推算；他们在上面放上切割后的羊皮纸带以便在图纸上划分格子，并标以只有布鲁内莱斯基才知道其中奥秘的数字和字母……

尼姆方形神庙，蒙塔诺绘于 16 世纪

就这样，他们花了大量钱财，雇用脚夫与其他人力在出现某些遗迹的地方进行挖掘来发现各部分的连接、艺术作品或建筑物，没有人理解他们为什么这么做。他们常常被称为“寻宝人”，因为人们认为他们为此花费钱财来寻找财富。

选自《菲利波·布鲁内莱斯基，现代建筑的诞生》
巴黎，1976 年

瓦萨里评价的哥特式建筑（1568 年）

另一种风格叫作哥特式，其装饰部分和比例与古代和现代的都不相同。今日的优秀建筑师并不采用这种风格。他们认为其形状奇怪、相当野蛮，而避开这种风格。它的每一个成分都毫无规则，可以说是杂乱无章；这样的建筑如此之多以至于毒害了整个世界。门上装饰着细长弯曲的柱子，就像葡萄藤一样，再轻的重量都无法承受。在建筑正面以及装饰过的部分，糟糕的小壁龛层层叠叠，还带有烦冗的金字塔、小尖塔和叶饰，以至于令人难以想象这样的组合能够站得住脚而且保持平衡。所有这一切看起来都像纸糊一般，而非岩石或大理石做成的。众多的凸起、断裂、小托座、螺旋，以至于所有的都不成比例。一扇门的顶部常常因为大量浮雕的堆积而触及屋顶。

这一风格由哥特人创造。战争摧毁了古代建筑、杀害了建筑师，哥特人与幸存者一起建造起了这种风格的建筑：他们在尖拱上竖立拱穹，并使这种糟糕的建筑遍布整个意大利，而意大利人最后终因厌倦于再看到这样的建筑而完全抛弃了这种风格。幸亏上帝让整个国家免遭这种建筑思路和方式的侵害！与我们的建筑之美相对，它们奇丑无比，因而这类作品不值得我们再花更多的时间来论述。

沙泰尔主持下的译文

朗格多克地方长官、蒙莫朗西的领主关于保护尼姆古建筑的法令（1548 年 9 月）

本人安纳，蒙莫朗西的领主、第一男爵、陆军统帅、朗格多克省鲁瓦地区的地方长官和司法长官，向尼姆常任法官致以问候。途经贵城，我见到许多古人建造的美丽的大型建筑物，其中一些，或者说大部分对于建筑艺术来说，颇有裨益，令人感到高兴。在那些建筑中，这一艺术的所有比例都得以保留下来，被人观赏，启发后人，这也是这一城市及朗格多克地区的装饰，也是王国的财富。对于该城任何一个在这些古建筑旁边或附近拥有房屋的人来说，他们的房屋日益增多，他们为了个人利益不断扩大改建这些房屋，从而遮挡、破坏了那些古建筑，以至于不久以后，所有的一切都将会被破坏、摧毁。我希望像这样的东西应当完整地得以保留和保护，因此我请求您、要求您、明确地命令您竭尽所能以我的名义禁止那些古建筑的所有者建造或摧毁古建筑，不允许任何建筑遮挡或掩盖古建筑。原谅我没有预先叫您和该城鲁瓦地区的人们去那儿看一看，禁止他们这么做是否应当、合理、必须。如果有人不遵守这些法令，您完全有理由反对他们。为此，我以此信给予您权力、任务和特殊的命令，以鲁瓦人民给予我的权力，要求所有的审判员、长官以及贵族都必须遵守。

《各省学会杂志》
1874 年

帕拉第奥谈建筑艺术的复兴（1570 年）

当繁荣的罗马帝国受到蛮族的不断入侵而开始衰落的时候，建筑以及其他艺术和科学，虽然失去了昔日的光辉，但仍然通过不断变化而一直向前发展，直至任何匀称美观的比例和卓越的建造方法均不再保留，建筑沦落到了无知愚昧的边缘。但正如世间万物均处于不断的变化更新中一般，时而攀上完美的顶峰，时而坠入愚昧的谷底。建筑沉浸于愚昧无知中多年，终于在我们父辈的年代中觉醒，开始以一种新的面貌出现，就像得以重生一般。

这是因为，在教皇尤利乌斯二世时期，最优秀的现代建筑师、伟大的古典建筑学者伯拉孟特，在罗马修建了许多杰出的建筑；在他之后，又有米开朗琪罗、珊索维诺、锡耶纳、安东尼奥·达·圣加洛、圣米凯莱、塞利奥、瓦萨里、维尼奥拉，以及里奥纳（莱奥尼）骑士，他们为我们在罗马、佛罗伦萨、威尼斯、米兰以及意大利其他城市建造了众多优秀的建筑。他们中间有许多人曾经是杰出的画家、雕刻家和文人，其中有的还健在。为了避免使这一名单过于冗长，我就不一一说明了。但是，再回到我们原来的话题，既然伯拉孟特是给自古至今埋藏着的不为人知的优秀建筑赋予新生的第一人，那么在我看来，他的一些作品有理由也应当在古代风格建筑中占有一席之地。

帕拉第奥，《建筑四书》
第四卷，第十七章
弗雷亚尔·德·尚布雷译
1650 年

帕拉第奥对于古代建筑的研究

从我年轻时开始，就有一种本能的冲动带着我进入建筑的研究领域。因为就我而言，古代罗马人在许多方面均极其优秀，我认为在建造艺术上，他们同样超过了所有的后来人。这就是为什么我将维特鲁威视为艺术大师和引路人。他是古代人中唯一一位在这一领域著书立说并流传至今的人，这也是为什么我开始充满好奇地研究、观察所有这些古老建筑留给我们的珍贵遗产。尽管随着时间的推移以及蛮族的破坏，这些建筑依然保留了下来。它们日益使我感到重要而有意义，于是，我开始对它们的每一个部分进行细致的研究，最终我也成了一位目光敏锐的观察家，我常常自己到意大利以及其他地方远行，以便从遗迹中发现其原样是怎样的，然后将其绘于纸上。于是，我发现我们通行的建筑方式与我在这些古建筑中所看到的、与我们在维特鲁威、阿尔伯蒂以及其他建筑大师的论著中读到的、（恕我斗胆）与我有幸建造并让任命我的人极其满意的那些建筑之间的差距是如此之大。我多年来对于古建筑苦心钻研，并概括记述下了所有我认为有意义的东西。我觉得应当将我所做的所有研究和绘制的所有图纸服务于大众，因为我们并不仅仅是为了自己而活。

帕拉第奥

同前，前言

下图为威尼斯圣乔治－马焦雷教堂，帕拉第奥建造的教堂之一

新建筑的原则与术语

文艺复兴回归了古代风格的基本原则：规则的行列与层次、中轴对称、整体与局部以及局部之间的比例。古代柱式不仅为文艺复兴提供了比例体系，而且提供了一种装饰语言。集中式形制成为所有建筑师的理想形制。他们将集中式形制与他们钟爱的最纯粹的几何图形——圆形结合在了一起。

比例与和谐

阿尔伯蒂写给正在里米尼指挥马拉泰斯蒂亚诺教堂工程建设的马泰奥·德·帕斯蒂的一封信（1454 年 11 月 18 日）。

至于你跟我所说的，马奈托断言圆顶的高度必须是其宽度的两倍，我还是更相信创造公共浴场、万神庙和所有这样伟大杰作的人，而不是他，我更信赖理性而非个人。如果他坚持己见，那么他经常出错则不足为奇。至于我模型中的柱子，想想我曾经对你说过的话：这一立面，它本身就必须是一幅作品……最好对已经做好的部分进行改良，但不要破坏尚待建造的部分。柱子的尺寸与比例，你明白从何而来：如果你改变了某些东西，整部乐曲都会不和谐。

热斯塔兹译

比例法则

美源于形状以及整体到局部、局部之间、局部到整体的统一和谐，因而建筑就像完美的人体一般，其中每一个肢体都与其他肢体相适宜，而且所有的肢体对于我们想要做的都是必不可少的。

帕拉第奥，《建筑四书》
第一卷，第一章
弗雷亚尔·德·尚布雷译

比例与对称

我发现客厅的长度从来没有超过其宽度两倍的，而且，当客厅越接近于正方形时，就越美丽越舒适。卧室必须在入口处和客厅的两边，而且必须注意右首的房间应与左边的相呼应且一样大小，以便房子的两边都完全相同，并且两边的墙都承受相等的屋顶重量。如果一边的房间大，另一边的房间小，那么大房间一边因为墙厚而更能负重，而小房间这一边就相对薄弱。随着时间的推移，会产生一些很大的弊病，最终导致整个建筑的倒塌。房间最完美、最典雅、最成功的比例有七种，要么是圆形，然而这一形式很少应用；要么是正方形；要么是长方形（正方形对角线的长度）。或者一又三分之一个正方形，或者一个半正方形，或者一又三分之二个正方形，或者两个正方形。

帕拉第奥，《建筑四书》
第一卷，第二十一章
弗雷亚尔·德·尚布雷译

尽管一座房屋是由大大小小各种房间组成的，但同一楼层上的所有窗户必须都一样大小，我一般根据房间的尺寸来确定窗户的大小。房间的长度比宽度长 2/3，如长约 9.1 米、宽约 3 米。然后我将这个宽度划分为 4.5 段，其中一段之长即为窗宽，两段之长再加上 1/6 的宽度即为窗高，我再按这一标准来对照其他的房间。第三层的窗户比第二层的低 1/6 的宽度，如果还有第四层的话，那么也按这一缩减比例来确定窗户大小。

左首的窗户必须与右首的窗户相对应，而且上方的窗户必须与下方的窗户垂直对齐。门也必须上下对齐，这样就虚对虚，实对实。此外，门必须排成一条直线。这样一眼就能看到住宅的尽头。于是，在炎热之季亦能带来凉爽愉悦以及其他各种便利。

帕拉第奥，《建筑四书》
第一卷，第二十五章
弗雷亚尔·德·尚布雷译

柱式的组合叠放

古代建筑师运用了五种不同的柱式：托斯卡纳柱式、多利安柱式、爱奥尼亚柱式、科林斯柱式、混合式柱式。这些柱式，如果处于同一建筑中，必须按如下规则组合叠放：最坚固的总处于下层，因为它最适于支撑建筑的重量，通过这样的方法，地基也更为牢固。因此，我们总是将多利安柱式放在爱奥尼亚柱式之下，将爱奥尼亚柱式放在科林斯柱式之下，而将科林斯柱式放在混合式柱式之下。托斯卡纳柱式粗壮无比，因而我们只将这种柱式用在较为少见的防御工事中，或者用于只需一种柱式的乡村建筑，以及圆形剧场之类的大型建筑中。这种大型建筑常由几种柱式组合而成，我们则将托斯卡纳柱式放在爱奥尼亚柱式之下，以替代多利安柱式。如果我们想抽去一种柱式进行组合，例如将科林斯柱式直接放在多利安柱式之上，这也可行，但必须遵循我刚才提到的原则，即最坚实的始终处于下方。

帕拉第奥，《建筑四书》
第一卷，第十二章
弗雷亚尔·德·尚布雷译

柱式的象征意义

多利安柱式是根据男性躯体尺寸和比例发明的，而爱奥尼亚柱式则是按女性躯体尺寸和比例创造的，同样，当下的（科林斯）柱式也是参照少女优美苗条的体形而造就的。因为少女在年轻之时身材纤细苗条，再加上精心打扮，则愈显美丽优雅，因此科林斯柱式也一样。事实上，科林斯柱式显得，或者说本应显得比其他柱式更为绚丽、更为纤细、更为娇美、更为装饰华丽。为此，我们根据不同的用途将其高度定为柱基直径的八倍以上，甚至是九倍，有时还更多。这就是为什么该柱式显得比爱奥尼亚柱式更纤细、更苗条，因为爱奥尼亚柱式的高度最多是其直径的八倍半，有时还没有这么多……

菲利贝尔·德洛姆
《建筑》，1567 年

我在这些柱式中选择爱奥尼亚柱式是为了装点杜伊勒利宫，这座宫殿由虔诚的基督教徒查理九世国王之母、王后陛下今日令人建造于巴黎。我想将该柱式安置在其宫殿中，而事实上，它很少被这样使用，而且几乎还没有人将其用于带有圆柱的建筑物中。另一个原因是因为这种柱式是女性化的，是根据贵妇和女神的比例与装饰创造的，同样，多利安柱式象征着男子，就像古人教给我的那样，因为当他们想为一位男性神仙建一座庙宇时，他们就用多利安柱式，而为一位女神的话，就用爱奥尼亚柱式。

同前，第五卷，第二十三章

柱式可随意选择，但对称是必须的

我曾经写过一些关于建筑物立面的文章，用来说明窗户的布置，任何人在读过这些文章之后都会认为我想要限定窗户或者说是将其固定下来，以便在房屋正面安置圆柱或壁柱。但我一点也没有这样的意思，任何想节省费用的人都不需要如此宏伟豪华、装饰华丽的房屋立面，因为他们没有支付如此大笔费用的能力。然而，我确实想使安置于建筑各立面上的窗户的次序与组合必须保持一定的比例与尺寸，即便没有圆柱或壁柱，也应该让人在这一面看到的在另一面也看得到。我也向你们建议运用方形立柱，各柱之间盖以拱顶，其下则为列柱廊，其上为长廊，这一切都不需圆柱也不需柱座、柱头和挑檐。我仅以此例来说明一位博学专业的建筑师如何能不花费过多的钱财来建造一座优美的建筑，而且这座建筑看起来与耗资巨大的建筑一样好。

菲利贝尔·德洛姆
《建筑》，1567 年

集中式形制与圆形的优越之处

庙宇通常是圆形或方形的，或者呈六角形或八角形，需要的话，角还可能更多，而且这些角必须都在同一个圆周之上。其形状可为十字形或者是建筑师设计的适用于他的图样的任何其他形状，只要建筑布局美观、各重要部分之间和谐相配就行。但是最美丽最匀称的形状，且其他各种形状均能从中得出其各自尺寸的，就是圆形和正方形。这就是为什么维特鲁威只谈论这两种形状，并教给我们各部分的布局应该怎样，就像我此后谈及庙宇布局时所说的那样。在非圆形庙宇中，应当仔细观察各个角是否都相等，不管是有六个或八个面，还是有更多的面……

因此古人在建造庙宇时一直努力遵循得体原则，将其视为建筑艺术中最关键的一部分。同样，我们应当出于同样的考虑在各种庙宇中选择最完美最好的形状。更何况，我们不拜假神。然而在所有的形状中，唯有圆形简单、匀称、平衡、强大、宽广。我们选择圆形用于庙宇，它最适合庙宇，因其包含在唯一的一个极限之中，无始无终。其中各部不可分割，共同组成一个整体，各部分的边缘都离中心一样远，它象征着上帝的和谐统一、无穷无尽、均衡一致和正义公道。况且，应当承认牢固持久对于庙宇比对于其他任何建筑更为重要，因为庙宇用于供奉永恒的上帝，而且它也是一座城市最高尚最显著的标志。我们还可以再加上一条理由，因为圆形没有角，因而特别适宜于庙宇。

同样，庙宇的中殿必须相当宽敞以便能够方便地容纳所有参加宗教仪式的人。从这个角度来看，圆形依然非常有利，因为其面积比周长相等的任何其他形状都大。教堂的形状也可以是十字形，入口安排在代表脚（象征基部）的一端，在相对的另一端放置正祭台和祭坛。在像手臂一样对称地向两端延伸的另外两边也安置两个入口，或者两个祭坛，因为这个十字图形代表了我们灵魂得以拯救的凄凉木架。正是这个原因，我才将威尼斯的圣乔治－马焦雷教堂建成十字形。

帕拉第奥，《建筑四书》
第四卷
费雷亚尔·德·尚布雷译

图样与模型

文艺复兴精益求精的思想要求工程设计图样比以往更详细周全。因此用于展示建筑的各种不同方式得以确立：平面图、立视图（或“实测图”）、透视图、剖面图（或“断面图”）。然而细木模型仍然得以使用，以便对工程进行监督和向客户展示。

拉斐尔论平面图、立视图和剖面图（1519 年）

在这篇表述糟糕的文章中，拉斐尔建议绘制的立视图与剖面图应与平面图垂直，以便其比例尺都一样；他强调实测图的必要性，因为它是唯一适合注明尺寸的建筑图样，他认为透视图具有欺骗性而将其抛弃。

既然建筑图的画法较为特殊，不同于画家的画法，我认为建筑图应当标明所有的尺寸数据，并能让人毫无差错地找到一座房屋的所有部分，因此适用于建筑师的建筑图分为三个部分：第一部分为平面图，也就是说平面的图样；第二部分为外表及其装饰；第三部分为内部情况及其装饰。

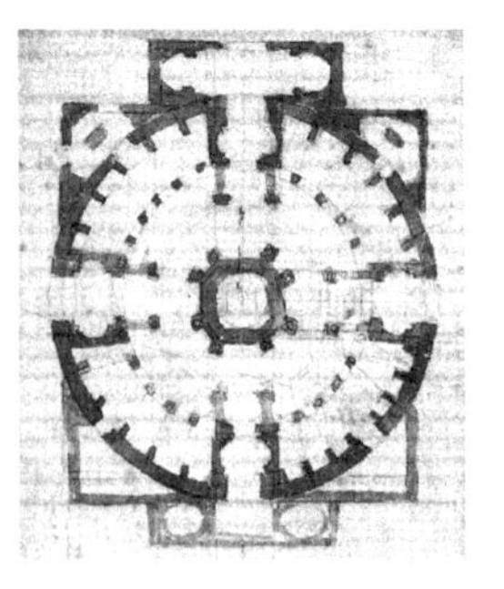

米开朗琪罗设计的佛罗伦萨人的圣乔瓦尼教堂平面图

平面图涵盖建造地点的整个平面场所，也就是说当地基已建造到与地面平齐时，整个房屋地基的图案。尽管这个（已建造的）空间是立体的，但必须将其压平，以便使平整压平的砌造部分与建筑的每一层面都平行。为此，必须取与砌造地基相垂直的垂线，以便该建筑所有的墙都垂直于地基，并水平垂直。这张图叫作平面图，就像我说过的那样，因为这张平面图，覆盖了整座房屋整个地基的范围，就像脚掌占据了整个身体基础的范围一样。

当平面图一画好，并与标明尺寸的各部分（隔墙）划分开来后，不管是圆形、正方形或其他形状，必须画与整个房屋的地基等宽的一条线，这一切都得根据一定的比例尺绘制。从这条线的正中再画一条垂直线，这条线的两边均构成直角，标志着房屋的中部。再从等宽线的两端画出两条与底线垂直的平行线，这两条线的高度也就是房屋应有的高度，这样它们构成了房屋高度。然后在这两条表示高度的线中间，画上圆柱、窗间墙、窗户，以及其他按平面图标示于建筑正面的装饰，在做这一切时都得在圆柱、支柱（壁柱还是窗间墙）、门窗洞等的每个顶端画上与两边线段平行的线。最后在旁边标上柱础、柱头、下楣、窗户、中楣、上楣等的高度。这一切都得用与平面图线条相平行的线来画。在这样的图画中，末端都不按照透视法对画面进行缩短（即使该建筑是圆形的或者是方形的）用来表现其两个面，因为建筑师无法从缩短的图画上得知任何精确的尺寸，在这样一门艺术中这是必要的，因为这门艺术要求所有的尺寸大小都应完全真实地体现，并用平行线来表示，而不是用只表现外貌而不表示事实的线条。如果圆形图案的尺寸按透视法进行了缩短或减小，我们马上就能从平面图上发现：当平面图上的线条按透视法进行了缩短，如拱顶、拱、三角，那么在实测图上则会得到完美的体现。这就是为什么（在比例尺上）手掌、脚、拇指、掌纹直至更小的部分的精确尺寸都必须得到体现。

建筑图的第三部分就是我们刚才说过的内部情况及其装饰，这张图与另两张同等重要。它也是根据平面图，用平行线按同样的方法绘制的，像外表图一样，它展现了从内部看到的半座建筑的情况，就好像该建筑从中间被一切为二；它表现了院落、外部上楣与内部上楣之间的层次关系，以及窗户、门、拱和拱顶的高度——不管拱顶是筒形的、尖形的还是其他形状的。总之，通过这三种范畴，或者更确切地说，三种（绘图）方式，我们可以详细地察看整座建筑物内内外外所有的部分。

摘录自一封写给利奥十世的信

《拉斐尔文集》，1936 年

菲利贝尔·德洛姆谈图样与模型的益处与危害

第十章

建筑师必须通过许多平面图、立视图以及其他手段，特别是如实表现整个建筑的模型来说明他的意图。

如果我想要缕述那些我见到的发生在王公贵族乃至平民百姓的建筑上的差错的话，那么得用长篇大著来写就。这些错误都出于疏忽，未能周全考虑整个工程，也未制作足够多的优秀模型。而那些充满假象、蒙骗他人的所谓模型又常常是由一些无知的人所做。因此每天都会出现好几个画像制作者和绘图者，其中大部分如果没有画家的帮忙根本不能够勾勒或绘制一张图。而那些画家虽懂得粉饰、彩饰渲染、涂上阴影和上色，却不怎么会按尺寸大小安排布置。我肯定地说所有这么做的建筑师、砖石工匠都像鹦鹉一样，因为他们虽然会说话，但他们不知道自己说的是什么，也不知道他们许诺后的结果会怎样，怎样才能做好。我还见过一些其他的谬误和荒唐，当砖石工匠让画家听懂了他们的意图来作画后，那些所谓画家立刻自诩为大建筑师了，这就像我们说过的那样，他们如此地自以为是，甚至想参与砌造工程，就像每一个细木工和琢磨工所做的那样。因为听了砖石工匠的讲述，画家见过工人测量古典或现代建筑的立面，或者在某个建筑师或砖石工匠的指导下制作过某个模型，所以他们立刻自以为并自称世界一流，堪称著名建筑师了。

吉罗拉莫·达·克雷莫纳的画展现了佛罗伦萨主教堂圆顶的建造情况

第十一章

对于整部作品、整座建筑，不应只制作一个模型，相反最好能制作好几个模型来表现建筑物所有的重要部分，这样将会带来极大的便利。

我完全同意您制作一个您想要的整部作品的总体模型，只要之后对于该作品的各个主要部分也做一些模型就行。这样我们就能看到并了解每一个单独部分的装饰与尺寸。因此，您得做一个门厅模型、一个柱廊模型、其他列柱廊模型、大门模型、浴室模型、浴缸模型，还有楼梯、偏祭台、壁炉、天窗模型，以及其他有需要的模型。任何您想安置的这些装饰物必须在那个地方体现出来。

如果您的模型是这样做的，那么任何有才智有判断力的人都会很容易地知道您的设计是否合理，是否与您所希望的相吻合，您房屋的必备设施是否齐全，装饰是否得体合适。事实上，模型的一大重要作用，就是我们能够通过它们知道建筑师是否有足够的能力来指导这么一项工程，因为我们可以从中看出他是否精通这门艺术。通过这些模型，您还可以知道工程耗资是否巨大，费用是否超过了您的预算。

菲利贝尔·德洛姆
《建筑》，1567 年

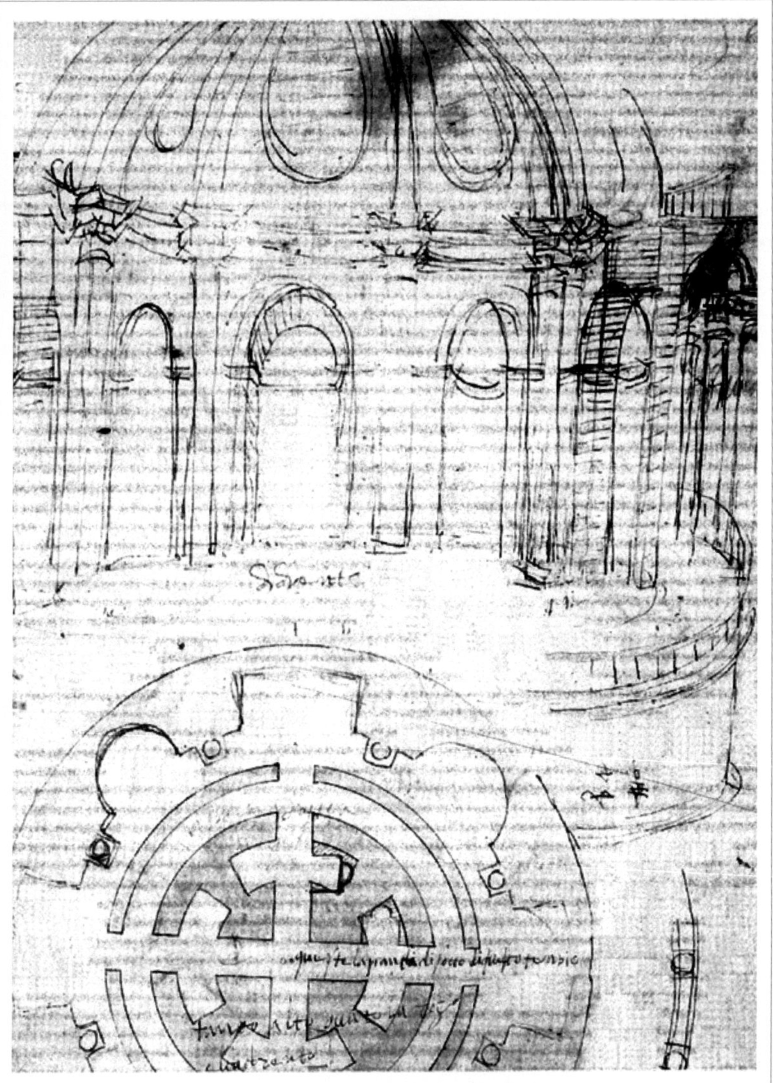

这是安东尼奥·达·圣加洛为一座圆形庙宇绘制的一幅建筑图样，该图明显地表现了拉斐尔描述的两种建筑图类型：平面图（下方）和立视图（上方）

建筑师

从15世纪开始，文艺复兴使人们开始重新认识建筑师。一门精密的学科的建立为那些不从事工程建设的人也打开了一条建筑之路。深奥的新语言在意大利以外的地方引起了实践家的不满，并引起了一些过激的做法。

布鲁内莱斯基的葬礼（1447年2月18日）

根据决定，由佛罗伦萨主教堂财产管理委员会委员以及巴蒂斯塔·阿诺尔菲和皮耶罗·迪卡迪纳尔·鲁切拉主持能言善辩、才智过人的伟人——布鲁内莱斯基的遗体告别仪式。布鲁内莱斯基，佛罗伦萨人，多年以来一直是主教堂圆顶与顶塔的工程指挥者。因为他的努力工作、精湛技艺以及机智才干，终于在不用筑拱模架的情况下完成了大圆顶的建造，这一切各位管理委员会委员都能做证，而且众多市民也都亲眼所见。为了向他的遗体致以崇高敬意，愿其永垂不朽，我们全体一致同意做出如下决定：暂时安葬于钟楼内的菲利波之遗体将移出该地，迁至教堂之内，深葬于地面之下，确切地说是在教堂中央大法官们宣誓的地方。地面重铺之后仅立一块刻有建筑师菲利波名字的大理石板，上面覆以桥拱形顶盖。在靠近安葬之地的墙上，确切地说在第一个弦月窗处，安放一块由岩石和大理石组成的纪念碑，碑上雕刻其写实人像，以及他在圆顶建造中设计或运用的几项工程方案。为了纪念他并向他致以敬意，还镌刻有由著名的佛罗伦萨大法官卡洛·马尔苏皮尼撰写的诗句，以颂扬他在建筑上的勤勉与智慧，诗文放在正面；并宣告教堂财产管理委员会提供纪念碑所需全部大理石以及人工，布

建筑师朱利亚诺·达·圣加洛，由皮耶罗·迪·科西莫绘

鲁内莱斯基的继承人应当承担葬礼其余费用。

选自《菲利波·布鲁内莱斯基，现代建筑的诞生》
巴黎，1976 年

费代里戈·达·蒙泰费尔特罗任命卢恰诺·劳拉纳指挥乌尔比诺的建设工程（1468 年 6 月 10 日）

我们认为值得尊敬和善待的人是那些具有天赋与做出重大贡献的人，特别是那些受到高度评价的古人与今人所做出的贡献，如建立在算术和几何艺术基础上的建筑方面的贡献。算术与几何因为最为精密而列属七大自由艺术，建筑同样也是一门需要科学与天赋的艺术，是我们崇尚和欣赏的艺术。我们到处寻找，尤其是在建筑师的摇篮——托斯卡纳，竟没有找到一个真正擅长此道、专业精通的人。最后，听说卢恰诺大师声名远扬，在亲眼目睹这位大师后，即带来此信之人，才真正了解他在这门艺术上是如何博学和精通。我们经过慎重考虑，打算在乌尔比诺城建造一处与我们祖先崇高声望和地位相配的美丽住宅，于是我们挑选并任命卢恰诺大师为所有参与此工程的工匠——包括砌石工、石匠、木匠、铁匠以及各行各业、各种等级的其他人等——的总指挥和工程师。因此我们要求所有为该工程安排任务、参与工作的工匠、工人、官吏和其他人在任何情况下都必须听从卢恰诺大师的命令，心甘情愿地做卢恰诺大师安排的工作。我们特别要求，我们的主事和该工程拨款的财政员安德烈亚·卡托尼阁下和负责工程物资供应的长官马泰奥·达尔伊索拉阁下在付款及提供物资时，必须不打折扣地按卢恰诺大师的要求去做，授予卢恰诺大师全部权力、最高权威：他可以解雇工场上任何一个他不满意的工匠，也可以雇用他喜欢的其他工匠；可按日计薪也可长期租用；他可以取消或扣除那些没有完成任务的人的工资，任何属于负责工程的建筑师和工场长权力范围内的事，他都可以做；所有我们在场可以做的事，他也可以做。为此，我们为此信盖章作为凭证。

选自帕斯卡尔·罗东蒂，《乌尔比诺公爵府》
乌尔比诺，1950 年

帕拉第奥认可的业余建筑师

我们在许多不知名的地方也能见到这样的建筑，例如维琴察。老实说，该城面积不大，但却能人辈出，非常富裕。就是在那儿我第一次有机会着手进行有关建筑的研究，现在这些研究成果已公之于众。在那儿可以看到许多美丽的建筑，它们是这座城市中众多绅士的作品，这些人在建筑艺术上才智过人，堪与我们最优秀的大师相媲美，如詹乔治·特里西诺大人、蒂埃纳的兄弟马克·安托尼、阿德里昂伯爵大人、昂泰诺尔·帕热洛骑士，以及那些在身后留下许多伟大的建筑因而人们永远怀念的人们。

还有当今见多识广的法比奥·蒙扎大人，著名的双层双色玉石切削家和水晶雕刻家埃利奥·德贝利大人，以及安东尼奥·弗朗切斯科·奥利维拉大人，他通晓多门学科，而且是优秀的建筑师和诗人，其作品归于“德国”的英雄史诗，建于维琴察、位于南托的伯斯希的一座房屋；最后，为了不让大家在这一长列名单中感到厌烦，就以瓦莱里奥·巴尔巴拉诺大人作为结束，他对于与我们这一行相关的任何事物都具有敏锐的观察力。

帕拉第奥,《建筑四书》
前言
费雷亚尔·德·尚布雷译

建筑师的行话

当雷恩的砖石工皮乌尔穿着草鞋，披着长袍，系着帽子，骑上马，准备去夏多布里昂建造城堡时，听到全法国被召集到那儿的大工匠嘴边只有主立面、柱座、方尖碑、圆柱、柱头、中楣、上楣、墙基等词，这些词他从来没有听说过，他极为惊讶；轮到他说时，他就用空话敷衍他们，说他认为房屋应按照需要由天然优质的合适材料造就。说完之后，他被整个人群认为是一位大人物，他们要求他就这一他们无法理解的深奥的解决办法谈得更深入广泛一些，而且认为他在这一行经验老到。但这个下流坯，得胜后就全身而退，声称不能再耽搁了，而这一大群笨蛋没有他就没了方向。更令他惊奇的是，这群人由于不懂他所说的话，由此他便得了这一个绰号：就像皮乌尔那样用非常规方法解决。

诺埃尔·杜·法伊
《欧特拉佩尔的故事与论说》，1585 年

费代里戈·达·蒙泰费尔特罗的府邸，乌尔比诺公爵府的内院

建筑师与著作	意大利作品设计方案与建筑物	欧洲作品
1377年 布鲁内莱斯基诞生 **1404年** 阿尔伯蒂诞生	**1420年** 佛罗伦萨主教堂圆顶设计方案 **1421年** 佛罗伦萨育婴堂正面 佛罗伦萨圣洛伦佐教堂和老圣器室 **1429年** 佛罗伦萨圣克罗切教堂帕齐礼拜堂	各建筑物所标明的日期为工程开始的日期
1439年 弗朗切斯科·迪·乔治诞生 **1444年** 伯拉孟特诞生 **1446年** 布鲁内莱斯基逝世	**1444年** 佛罗伦萨圣灵教堂 佛罗伦萨美第奇宫 佛罗伦萨安农齐亚塔主教堂圆顶圆形祭坛设计方案 **1450年** 里米尼马拉泰斯蒂亚诺教堂外墙 **1451年** 佛罗伦萨皮蒂宫 **1455年** 佛罗伦萨鲁切拉府邸 **1468年** 威尼斯伊索拉的圣米凯莱教堂 **1470年** 罗马威尼斯宫内院 威尼斯圣乔布教堂圣殿 贝加莫科莱奥尼礼拜堂	
1472年 阿尔伯蒂逝世 **1475年** 米开朗琪罗诞生	**1472年** 曼图亚圣安德烈亚教堂 **1476年** 乌尔比诺公爵府内院 **1478年** 米兰圣萨蒂雷的圣马利亚教堂 **将近1480年** 位于波焦阿卡亚诺的美第奇别墅	

建筑师与著作	意大利作品设计方案与建筑物	欧洲作品
	1480 年 罗马圣马利亚·德拉帕切教堂	
	1481 年 威尼斯圣马利亚·代米拉科利教堂	
	1483 年 罗马掌玺大臣府	
	1484 年 圣马利亚·德莱格拉奇·阿尔卡尔奇纳伊奥教堂	
	1485 年 普拉托圣马利亚·德拉卡塞利教堂 杰西的科米纳宫	
1486 年 维特鲁威著作的首版和阿尔伯蒂著作的首版		
	1487 年 那不勒斯波焦雷亚莱别墅	
	1488 年 佛罗伦萨圣灵教堂 洛迪的安科隆纳塔教堂 米兰圣马利亚·德拉帕西奥纳教堂	
	1489 年 佛罗伦萨斯特罗齐宫	
	1490 年 克雷马的圣马利亚·德拉克罗切教堂 帕维亚主教堂	
	1492 年 米兰圣马利亚·德莱格拉奇教堂 维杰瓦诺广场	
	1493 年 费拉拉的钻石宫	
	1494 年 费拉拉的圣弗朗西斯科教堂	
1499 年 于勒·罗曼诞生		

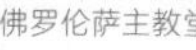

佛罗伦萨主教堂

建筑师与著作

1508年
帕拉第奥诞生

1511年
第一个带插图的维特鲁威版本（弗拉·焦孔多）
瓦萨里诞生

1514年
伯拉孟特逝世

1516年
比亚焦·罗塞蒂逝世

1520年
拉斐尔逝世

1521年
维特鲁威著作的第一个意大利语版本（切萨里亚诺）

1526年
《古典比例》出版（迭戈·德·萨格雷多）

意大利作品设计方案与建筑物

1497年
威尼斯圣乔瓦尼·格里索斯托莫教堂

1502年
罗马蒙托里奥的圣彼得罗教堂的灯笼状顶塔

1505年
梵蒂冈宫望景楼内院的设计方案
圣彼得教堂的第一轮设计方案

1506年
圣彼得教堂的新设计方案

1508年
托迪圣马利亚·德拉孔索拉齐奥内教堂

1509年
罗马基吉别墅

1513年
罗马法尔内塞宫设计方案

将近1514年
梵蒂冈宫圣达马斯庭院左翼

1515年
比斯托·阿尔西吉奥的圣马利亚·迪皮亚扎教堂
罗马玛丹别墅

1518年
蒙特普尔恰诺的圣比亚焦圣母院

1520年
佛罗伦萨圣洛伦佐教堂的新圣器室

1524年
帕多瓦科尔纳罗宫的凉廊

1525年
曼图亚特宫

1526年
佛罗伦萨劳伦齐阿纳图书馆的门厅

欧洲作品

1500年
布卢瓦的路易十二宫侧翼

1501年
加永堡

1509年
拉卡拉奥拉的内院

1515年
布卢瓦的弗朗索瓦一世宫殿侧翼
舍农索城堡

1519年
尚博尔城堡第一轮设计方案

1526年
按最终设计方案重建尚博尔城堡

1527年
格拉纳达查理五世宫殿设计方案
布洛涅公园的马德里堡

建筑师与著作

1546年

于勒·罗曼逝世

安东尼奥·达·圣加洛逝世

任命米开朗琪罗指挥建造罗马圣彼得教堂

布洛涅公园的马德里堡（已坍毁）

意大利作品设计方案与建筑物

将近1530年

维罗纳的贝维拉卡宫和庞培宫

1530年

帕多瓦科尔纳罗宫的音乐厅

将近1533年

维罗纳的卡诺萨宫

1536年

威尼斯铸币厂

1537年

威尼斯图书馆

将近1538年

罗马卡比多广场设计方案

1539年

安东尼奥·达·圣加洛的罗马圣彼得教堂模型

1542年

维琴察蒂内宫设计方案

1545年

曼图亚主教堂

威尼斯的格兰达大厦

欧洲作品

1528年

枫丹白露宫椭圆形庭院

格拉纳达主教堂设计方案

1529年

萨拉曼卡爱尔兰人学院的内院

1532年

巴黎市政厅

1536年

乌韦达的圣萨尔瓦多尔教堂

1537年

兰茨胡特府邸的意大利式侧翼

1539年

埃库昂城堡和圣日耳曼-昂莱堡

1541年

萨拉戈萨的隆加

1542年

圣日耳曼-昂莱的拉米埃特城堡

托莱多的圣·让·巴蒂斯特济贫院

1543年

托莱多的阿尔卡萨尔城堡

1545年

昂西勒弗朗城堡

布尔戈斯的米兰达宫

建筑师与著作

1547 年

维特鲁威著作的法语版在巴黎出版（让·马丁）

维特鲁威著作的德语版在纽伦堡出版（里维尤斯）

1550 年

瓦萨里的《艺苑名人传》的第一版

1559 年

《建筑之书》（雅克·安德鲁埃·迪塞尔索）

1562 年

维尼奥拉的《五种柱式规范》出版

1564 年

米开朗琪罗逝世

罗马圣彼得教堂后面的圆殿

意大利作品设计方案与建筑物

1549 年

维琴察巴西利卡式样

1550 年

蒂沃里的代斯特别墅

维琴察神职人员大楼

1551 年

罗马朱利娅别墅

1552 年

热那亚圣马利亚·迪卡里尼亚诺教堂

1553 年

米兰马里诺宫

1556 年

威尼斯大运河上的格里马尼宫

1559 年

卡普拉罗拉的法尔内塞宫

马塞拉的别墅竣工

维罗纳的坎帕尼亚圣母院

1560 年

佛罗伦萨奥菲斯宫

佛罗伦萨皮蒂宫内院

威尼斯卡里塔女子修道院回廊

1561 年

罗马皮亚门

1564 年

帕维亚的博罗梅学院

欧洲作品

1547 年

阿内堡

1548 年

于利希公爵府

雅昂主教堂

1549 年

卢浮宫设计方案

1550 年

拉图尔代格城堡

1556 年

海德堡奥顿－亨利宫侧翼

将近 1557 年

尚蒂伊小宫

1559 年

埃斯科里亚尔总体设计方案

将近 1560 年

锡古恩萨主教堂的圣物堂

1560 年

塞维利亚的圣尚济贫院教堂

1562 年

乌韦达的瓦斯凯·德莫利纳宫

1564 年

杜伊勒利宫别墅

埃尔维佐·德尔马尔凯的圣克鲁兹宫

建筑师与著作

1567 年

菲利贝尔·德洛姆的《建筑》出版

1570 年

帕拉第奥的《建筑四书》出版

菲利贝尔·德洛姆逝世

1577 年

圣查理·博罗梅著作出版

1580 年

帕拉第奥逝世

1582 年

《三十八项城堡设计方案汇集》（雅克·安德鲁埃·迪塞尔索）

1615 年

斯卡莫齐的《通用建筑理念》出版

意大利作品设计方案与建筑物

1566 年

威尼斯圣乔治 – 马焦雷教堂

维琴察的卡普拉别墅（圆厅别墅）和瓦尔马拉纳宫

1568 年

罗马耶稣教堂

1569 年

普拉托里诺的美第奇别墅

米兰圣费代莱教堂

1571 年

罗马耶稣教堂正面

1576 年

威尼斯救世主教堂

1580 年

马塞拉礼拜堂和维琴察的奥林匹克剧院

1586 年

威尼斯新市政大厦

1588 年

罗马圣彼得教堂圆顶

罗马耶稣教堂正面

欧洲作品

1568 年

枫丹白露宫（贝尔舍米内侧翼）

1573 年

兰茨胡特的特劳斯尼茨堡立面

1574 年

埃斯科里亚尔的教堂

1576 年

舍农索城堡（长廊）

1580 年

扎莫斯克（新城）

1581 年

慕尼黑府邸的岩洞内院

1583 年

慕尼黑圣米歇尔教堂

1587 年

格拉纳达的掌玺大臣府（正面）

1595 年

卢浮宫的长廊

1597 年

格罗布瓦堡

1601 年

海德堡的弗雷德里克五世宫侧翼

1605 年至 1607 年

巴黎孚日广场和多芬纳广场

参考文献

综合性书籍
- 《文艺复兴的建筑》，1992。
- 《文艺复兴的艺术》，巴黎，1984。
- 《文艺复兴建筑中的楼梯》，巴黎，1985。
- 《文艺复兴建筑的代表——从布鲁内莱斯基到米开朗琪罗》，伦敦，1994。
- 法语译本：《文艺复兴的建筑——从米开朗琪罗到布鲁内莱斯基》，弗拉马里翁出版社，1995。

关于建筑理论
- 《人文主义时代的建筑原则》，伦敦，1962。意大利语译本：《人文主义时代的建筑原则》，都灵，1964。
- 《文艺复兴的建筑论著》，巴黎，1988。
- 《柱式在文艺复兴建筑中的运用》，巴黎，1992。

关于德国
- 《德国文艺复兴时期的建筑》，普林斯顿大学出版社，1981。

关于西班牙
- 《格拉纳达主教堂：西班牙文艺复兴研究》，普林斯顿大学出版社，1961。
- 《埃斯科里亚尔的建造》，普林斯顿大学出版社，1982。
- 《格拉纳达的查理五世宫殿》，普林斯顿大学出版社，1985。
- 《西班牙文艺复兴建筑（1488—1599）》，马德里，1989。
- 《漫长的16世纪：西班牙文艺复兴的艺术手法》，马德里，1989。
- 《16世纪的西班牙建筑：近代作品》，1990。

关于意大利
- 《文艺复兴建筑史》，巴里，1968。
- 《意大利的建筑：1400—1600》，企鹅图书，1974。
- 《文艺复兴早期的威尼斯建筑》，1980。
- 《意大利文艺复兴的建筑》，法语译本，巴黎，1991。
- 《人文主义建筑》，巴里，1969。

意大利建筑师专题著作
- 《莱昂·巴蒂斯塔·阿尔伯蒂》，曼图亚展览目录，米兰，1994。
- 《菲利波·布鲁内莱斯基：现代建筑的诞生》，巴黎，1978。
- 《米开朗琪罗的建筑》，法语译本，巴黎，1991。
- 《建筑师米开朗琪罗》，巴黎，1991。
- 《帕拉第奥》，巴黎，1993。
- 《文艺复兴时期威尼斯的建筑和宗教庇护所》，耶鲁大学出版社，1975。

关于法国
- 《法国古典建筑史》，巴黎，1966。
- 《菲利贝尔·德洛姆》，法语译本，巴黎，1963。
- 《16—17世纪法国的艺术与建筑》，法语译本，巴黎，1984。
- 《文艺复兴时期的法国城堡》，巴黎，弗拉马里翁出版社，1989。

法语古典著作
- 《维特鲁威的建筑或建造艺术》，巴黎，1547，对开本。
- 《雅克·安德鲁埃·迪塞尔索关于建筑的平面图和设计图》，巴黎，1559，对开本。
- 《建筑的普遍法则》，鲁昂，1564，对开本。
- 《建筑第一卷》，巴黎，1567，对开本。
- 《法国最优秀的建筑》，巴黎，1579，对开本。
- 《雅克·安德鲁埃·迪塞尔索关于为领主、

贵族和其他想要在田地上建造的人提供的平面图和立视图布局》，巴黎，1582，对开本。

法国建筑专题著作

- 《布卢瓦城堡》，巴黎，1970。
- 《布卢瓦和旺多姆考古学大会》，1981。
- 《布洛涅公园中的马德里堡》，巴黎，1987。

图片目录与出处

卷首

第 1—9 页　安东尼奥 · 达 · 圣加洛，罗马圣彼得教堂设计模型，1534—1546 年。冷杉木、椴木、榆木和白杨木；长 736 厘米、宽 602 厘米，高 468 厘米（圆顶）和 456 厘米（钟楼）。圣彼得教堂财产管理委员会。

扉页　朱利亚诺 · 达 · 圣加洛，佛罗伦萨圣洛伦佐教堂设计方案，建筑图。图片与版画收藏室，奥菲斯宫，佛罗伦萨。

第一章

章前页　克洛德 · 洛兰，又名勒 · 洛兰，《韦基奥广场景观》（细部），油画。卢浮宫博物馆，巴黎。

第 1 页　雅克 · 安德鲁埃 · 迪塞尔索，《凯旋门和建筑师》，版画。国家图书馆，巴黎。

第 2 页　新圣马利亚教堂内部面貌，佛罗伦萨。

第 2—3 页　维拉尔 · 德 · 奥内库尔，《兰斯主教堂的拱扶垛》，建筑图。国家图书馆，巴黎。

第 3 页　贝诺佐 · 戈佐利，《圣徒奥古斯坦的一生》（细部），壁画，1465 年。圣阿戈斯蒂诺教堂，圣吉米纳诺。

第 4 页　山上的圣米尼亚托教堂立面，佛罗伦萨。

第 4—5 页　佛罗伦萨流派，文艺复兴的五位大师：乔托、乌切洛、多纳太罗、马内托·恰凯里、布鲁内莱斯基，油画，1550 年左右。卢浮宫博物馆，巴黎。

第 5 页上　科迪斯 · 吕斯蒂西，《圣洗堂》，建筑图。主神学院图书馆，佛罗伦萨。

第 5 页下　《育婴堂》，柱式细部，佛罗伦萨。

第 6—7 页　克洛德 · 洛兰，《韦基奥广场景观》（细部），油画。卢浮宫博物馆，巴黎。

第 8 页上　《古罗马圆形剧场》，版画，16 世纪。

第 8 页左下　乔瓦南托尼奥 · 多西奥，《塞普蒂姆·塞韦尔的第七区远景》，建筑图，1574 年。图片与版画收藏室，奥菲斯宫，佛罗伦萨。

第 8 页右下　蒙塔诺，《万神庙》，建筑图。国家图书馆，巴黎。

第 9 页　圣洛伦佐教堂平面图，佛罗伦萨。

第 10 页左　拉图尔代格城堡，1571 年。

第 10—11 页　雅克·安德鲁埃·迪塞尔索，《古代建筑片段》，版画。巴黎美术学院，巴黎。

第二章

第 12 页　菲拉雷特，《建筑论》，“一座威尼斯宫殿的设计方案”。国家图书馆，佛罗伦萨。

第 13 页　弗朗切斯科 · 迪 · 乔治和卢恰诺 · 劳拉纳，《理想城市的景观》（细部），油画。公爵府，乌尔比诺。

第 14 页　菲拉雷特，《建筑论》（《马格里亚贝恰诺抄本》，细部）。国家图书馆，佛罗伦萨。

第 14—15 页　雅克·安德鲁埃·迪塞尔索，《枫丹白露宫》，从池塘边的凉廊处看到的景观，版画。国家图书馆，巴黎。

第 15 页　《查理五世宫殿内院》，阿尔罕布拉宫，格拉纳达。

第 16 页左　阿曼纳蒂，《皮蒂宫内院》，建筑图。图片与版画收藏室，奥菲斯宫，佛罗伦萨。

第 16 页右　鲁切拉府邸立面，阿尔伯蒂设计，贝尔纳多 · 罗塞利诺负责施工，佛罗伦萨。

第 17 页　斯特罗齐宫模型，佛罗伦萨。

第 18 页　布卢瓦城堡，弗朗索瓦一世宫殿侧翼楼梯。

第 19 页　瓦萨里，奥菲斯宫，佛罗伦萨。
第 20—21 页　菲拉雷特，《建筑论》(《马格里亚贝恰诺抄本》，细部)。国家图书馆，佛罗伦萨。
第 21 页中　同上，其他细部。
第 21 页上　阿塞·勒·李杜府邸。
第 22 页左　掌玺大臣府外观，格拉纳达。
第 22 页右　阿内堡正门，巴黎。
第 23 页　布鲁内莱斯基，圣灵教堂中央圣殿，佛罗伦萨。
第 24 页上　加菲里奥论著的书名页，《论器乐的和谐》，1518 年。
第 24 页下　帕拉第奥，《维琴察长方形大教堂》，建筑图，18 世纪。拉尔塞纳尔图书馆，巴黎。
第 25 页　雅各布·德·巴尔巴里，《卢卡·帕乔利和朱多巴尔多·达·蒙泰费尔特罗》，油画，1495 年。卡波第蒙特博物馆，那不勒斯。

第三章

第 26 页　巴尔托洛梅奥·科拉蒂尼，《圣殿中的圣母献堂瞻礼》(细部)，油画，15 世纪。查尔斯·波特·克林基金会，美术馆捐赠，波士顿。
第 27 页　拉斐尔，《金银匠的圣爱卢瓦小教堂》，建筑图。巴黎美术学院，巴黎。
第 28 页　布鲁内莱斯基，《育婴堂》，佛罗伦萨。
第 28—29 页　维尼奥拉，《五种柱式规范》，插图十八，“爱奥尼亚柱式”，版画。巴黎美术学院，巴黎。
第 29 页上　《布鲁内莱斯基》，版画。国家图书馆，巴黎。
第 29 页下　布鲁内莱斯基，《圣灵教堂》，一个柱头的细部，佛罗伦萨。
第 30 页　维特鲁威，《论建筑》，译本。让·马丁，巴黎，1547 年。巴黎美术学院，巴黎。
第 30—31 页　维尼奥拉，《五种柱式规范》，插图二十，“爱奥尼亚柱式”，版画。巴黎美术学院，巴黎。
第 32—33 页　维尼奥拉，《五种柱式规范》，插图三，“五种柱式”，版画。巴黎美术学院，巴黎。
第 33 页上　菲利贝尔·德洛姆，《被作者运用于维耶-科特雷堡礼拜堂中的科林斯柱式》，1552 年。
第 33 页下　蒙塔诺，《混合式柱式》，建筑图。国家图书馆，巴黎。
第 34 页左　梵蒂冈宫凉廊。
第 34 页右　奥拉斯·韦尔内，《拉斐尔在梵蒂冈宫》，油画。卢浮宫博物馆，巴黎。
第 34—35 页　枫丹白露宫，贝尔舍米内侧翼。
第 36 页　布鲁内莱斯基，《圣洛伦佐教堂》，老圣器室，佛罗伦萨。
第 36—37 页　于勒·罗曼，《特宫》，艾斯特侧翼，曼图亚。
第 37 页　圣安德烈亚教堂立面，曼图亚。
第 38 页　埃库昂城堡立面。
第 38—39 页　《法尔内塞宫》，亚历山德罗·斯拜齐，1699 年。
第 39 页上　法尔内塞宫立面细部。
第 40 页　布鲁内莱斯基，《圣洛伦佐教堂》，老圣器室，圆顶，佛罗伦萨。
第 40—41 页　布鲁内莱斯基，《佛罗伦萨主教堂圆顶》，佛罗伦萨。
第 41 页　圣比亚焦圣母院(建筑师圣加洛)，蒙特普尔恰诺。
第 42 页　多梅尼科·迪·巴尔托洛，《圣马利亚·德拉斯卡拉济贫院的扩建》(细部)，壁画，1440 年。圣马利亚·德拉斯卡拉济贫院，锡耶纳。
第 43 页　同上，其他细部。
第 44—45 页　皮耶罗·迪·科西莫，《一座宫殿的建造》，油画，1515—1520 年。约翰和梅保·林林美术馆，萨拉索塔(佛罗里达州)。
第 46 页上　杜奥莫的灯笼状顶塔模型，主教堂艺术博物馆，佛罗伦萨。
第 46 页下　费德里科·巴洛齐，《蒙托里奥圣彼得罗教堂的灯笼状顶塔》(建筑师伯拉孟特),建筑图。图片与版画收藏室,奥菲斯宫,佛罗伦萨。
第 47 页　圣洛伦佐教堂,侧道,佛罗伦萨。
第 48 页　科莱奥尼礼拜堂,立面细部,贝加莫。
第 48—49 页　钻石宫,费拉拉。
第 49 页右　斯特罗齐宫(建筑师马亚诺),佛罗伦萨。
第 50—51 页　米兰达宫,内院,布尔戈斯。
第 51 页上　劳伦齐阿纳图书馆的楼梯(建筑师米开朗琪罗)。
第 51 页下　特宫,宫殿主要院子的立面,曼图亚。

第四章

第 52 页　雅各布·达·恩波利,《米开朗琪罗在向教皇利奥十世和朱利奥·德·美第奇展示圣洛伦佐教堂的立面模型》,油画。卡萨·布奥纳罗蒂,佛罗伦萨。
第 53 页　美第奇别墅,波焦阿卡亚诺。
第 54—55 页　乔治·瓦萨里,《布鲁内莱斯基向老科姆展示圣洛伦佐教堂的模型》(全图与细部),壁画。韦基奥宫,佛罗伦萨。
第 55 页下　米开朗琪罗,《佛罗伦萨人的圣让教堂的平面图》,建筑图。佛罗伦萨。
第 56—57 页上　《佛罗伦萨圣灵教堂的平面图和轴测图》(建筑师布鲁内莱斯基),文艺复兴地图,1993 年。
第 56—57 页下　《普拉托的卡塞里圣母院的轴测图、剖面图和平面图》(建筑师朱利亚诺·达·圣加洛),同上。
第 58—59 页　伯拉孟特,《罗马圣彼得教堂的平面图》,建筑图,1505 年。图片与版画收藏室,奥菲斯宫,佛罗伦萨。
第 59 页上　《帕维亚主教堂的平面图》,版画,1816 年。
第 59 页下　《马拉泰斯蒂亚诺教堂》,徽章,1450 年。国立博物馆,普鲁士文化宝藏古币收藏室,柏林。
第 60 页　《圣安德烈亚教堂的中殿》,曼图亚。
第 60—61 页　安德烈亚·萨基,《罗马耶稣教堂中的乌尔班八世》,油画。国家古艺术画廊,罗马。
第 62—63 页　无名氏,《罗马圣彼得教堂的中殿》,英国。
第 64 页左下　《贾科梅利别墅》,灯笼状顶塔(建筑师帕拉第奥),马塞拉。
第 64—65 页　《新圣马利亚教堂立面》(建筑师阿尔伯蒂),佛罗伦萨。
第 65 页　雅克·安德鲁埃·迪塞尔索,《阿内礼拜堂立视图》,版画。国家图书馆,巴黎。
第 66 页左　美第奇宫内院(建筑师米开罗佐),佛罗伦萨。
第 66—67 页　安东尼奥·达·圣加洛,《法尔内塞宫设计方案平面图》,建筑图。图片与版画收藏室,奥菲斯宫,佛罗伦萨。
第 67 页　安东尼奥·拉弗雷里,《罗马卡普里尼宫》,版画,16 世纪。图片与版画收藏室,奥菲斯宫,佛罗伦萨。
第 68—69 页　美第奇宫,佛罗伦萨,《伽利玛指南》插图。
第 69 页下　法尔内塞宫,罗马,《伽利玛指南》插图。
第 70 页　简·布罗艾,《卡普拉罗拉法尔内塞宫的剖面图》,1663 年。马西亚纳图书馆,威尼斯。
第 70—71 页　朱斯托·乌腾斯,《波焦阿卡亚诺的美第奇别墅》(细部),油画。佛罗伦萨。
第 71 页　无名氏,《建筑师朱利亚诺·达·圣加洛向美第奇家族的洛朗展示位于波焦阿卡亚诺的别墅模型》,壁画。美第奇别墅,波焦阿卡亚诺。
第 72—73 页上　圆厅别墅(建筑师帕拉第奥),维琴察。
第 72—73 页下　帕拉第奥圆厅别墅的剖面立视图和平面图,版画,1738 年。
第 74 页上　巴尔巴罗别墅(建筑师帕拉第

奥），马塞拉。
第 74 页下　同上，花园中的仙女。
第 75 页　同上，逼真的布景。
第 76 页　奥拉齐奥·弗拉科，《安德烈亚·帕拉第奥》，油画。公爵府，威尼斯。
第 76—77 页　《让·博洛涅正在向美第奇家族的弗朗索瓦一世展示一座别墅的模型》，1585 年。银器博物馆，佛罗伦萨。
第 77 页　吉罗拉莫·穆齐亚诺，《代斯特别墅中喷泉的景观》，壁画。代斯特别墅，蒂沃里。
第 78 页上　朱斯托·乌腾斯，《普拉托里诺别墅》，油画。佛罗伦萨。
第 78 页下　朗特别墅，巴尼亚亚。
第 79 页　爱尔兰人学院，萨拉曼卡。
第 80 页上　尚博尔城堡。
第 80 页下　勒梅西埃，《卢浮宫方形内院的莱斯科立面》，建筑图。卢浮宫博物馆，书画刻印艺术馆，巴黎。
第 81 页上　雅克·安德鲁埃·迪塞尔索，《拉米埃特城堡平面图》，《法国最美丽的建筑》。
第 81 页下　德拉瓦河上的斯皮塔尔堡的内院，奥地利。
第 82 页　《卡皮托利广场》，埃蒂那·杜派拉克的版画。
第 82—83 页　卡纳莱托，《威尼斯圣马可广场》，油画。克里斯蒂藏品。
第 83 页　帕里斯·博尔多纳，《圣马可的戒指交付于威尼斯总督》（细部），油画，1534 年。学院博物馆，威尼斯。
第 84—85 页　奥林匹克剧院（建筑师帕拉第奥），维琴察。

第五章

第 86 页　乔瓦尼·达·圣乔瓦尼，《美男子洛朗与艺术》（细部），壁画，1634 年。皮蒂宫，佛罗伦萨。
第 87 页　维特鲁威的《建筑十书》，书名页，巴尔巴罗的译本，威尼斯，1556 年。巴黎美术学院，巴黎。
第 88 页　同上，切萨里亚诺的译本，科姆，1521 年。巴黎美术学院，巴黎。
第 88—89 页　同上，弗拉·焦孔多的译本，威尼斯，1511 年。巴黎美术学院，巴黎。
第 89 页　同上。
第 90 页上　同上，切萨里亚诺的译本，科姆，1521 年。巴黎美术学院，巴黎。
第 90 页下　同上。
第 91 页上　同上，书名页，让·马丁的译本，巴黎，1547 年。巴黎美术学院，巴黎。
第 91 页下　同上，巴尔巴罗的译本，威尼斯，1556 年。巴黎美术学院，巴黎。
第 92 页　阿尔伯蒂，《论建筑》，手稿，15 世纪。埃斯唐斯图书馆，莫台纳。
第 92—93 页　朱斯特·德岗，《费代里戈·达·蒙泰费尔特罗和其儿子朱多巴尔多》，油画。公爵府，乌尔比诺。
第 93 页　塞利奥，《几何与透视》，1545 年。巴黎美术学院，巴黎。
第 94 页上　塞利奥，“编外书”，书名页。巴黎美术学院，巴黎。
第 94 页左　塞利奥，“第七书”，平面图。
第 94 页右　塞利奥，“编外书”，插图一，1551 年。巴黎美术学院，巴黎。
第 95 页　雅克·安德鲁埃·迪塞尔索，《三十八项城堡设计方案汇集》，插图九，1582 年。巴黎美术学院，巴黎。
第 96 页　安德烈亚·帕拉第奥，《建筑四书》，书名页，威尼斯，1570 年。巴黎美术学院，巴黎。
第 96—97 页　《菲利贝尔·德洛姆》，版画，19 世纪。装饰艺术图书馆，巴黎。
第 97 页上　维尼奥拉，《五种柱式规范》，书名页细部，1562 年。巴黎美术学院，巴黎。
第 97 页下　菲利贝尔·德洛姆，《建筑》（第一卷），书名页，1567 年。巴黎美术学院，巴黎。

第六章

第 98 页　波塞蒂，《一个建筑师的工作室》，壁画。奥菲斯宫，佛罗伦萨。

第 99 页　乔治·瓦萨里，《被艺术家包围着的科姆一世》，油画。韦基奥宫，佛罗伦萨。

第 100 页　亚里士多德·达·圣加洛，卡第神庙剖面图，建筑图，16 世纪。图片与版画收藏室，奥菲斯宫，佛罗伦萨。

第 100—101 页　布隆齐诺学院，《金银器作坊》，油画，16 世纪。韦基奥宫，佛罗伦萨。

第 101 页　列奥纳多·达·芬奇，《集中式教堂的设计方案》，建筑图。法兰西研究院图书馆，巴黎。

第 102 页上　佩鲁齐，《罗马圣彼得教堂的设计方案》(建筑师伯拉孟特)，建筑图，1535 年。图片与版画收藏室，奥菲斯宫，佛罗伦萨。

第 102 页下《拉斐尔》，自画像。奥菲斯宫，佛罗伦萨。

第 103 页上　凡灵特，《罗马玛丹别墅》，油画，17 世纪。菲茨威廉博物馆，剑桥大学。

第 103 页下《乔治·瓦萨里》，自画像。奥菲斯宫，佛罗伦萨。

第 104—105 页　奥拉斯·韦尔内，《尤利乌斯二世任命伯拉孟特、米开朗琪罗和拉斐尔负责圣彼得教堂和梵蒂冈宫工程建设》，油画。卢浮宫博物馆，巴黎。

第 106 页左　米开朗琪罗，《对皮亚门的研究》，建筑图。图片与版画收藏室，奥菲斯宫，佛罗伦萨。

第 106 页右　伏尔泰拉，《米开朗琪罗》，青铜像。卢浮宫博物馆，巴黎。

第 107 页上　马拉泰斯蒂亚诺教堂（建筑师阿尔伯蒂），立面细部，里米尼。

第 107 页下《阿尔伯蒂》，徽章，15 世纪。卢浮宫博物馆，巴黎。

第 108 页　唐·乔瓦尼，佛罗伦萨主教堂立面模型，木刻，1590 年。圣马利亚艺术博物馆，佛罗伦萨。

第 108—109 页　乔治·瓦萨里，《美第奇的科姆一世为了在锡耶纳竞标中获胜在研究平面图》。韦基奥宫，佛罗伦萨。

第 109 页　波塞蒂，《一个建筑师的工作室》(细部)，壁画。奥菲斯宫，佛罗伦萨。

第 110—111 页　米开朗琪罗，圣洛伦佐教堂立面模型。卡萨·布奥纳罗蒂，佛罗伦萨。

第 112 页上　让·博洛涅，《布翁塔伦蒂向美第奇的弗朗索瓦大公展示佛罗伦萨主教堂立面模型》。银器博物馆，佛罗伦萨。

第 112 页下　米开朗琪罗，罗马圣彼得教堂圆顶模型。圣母殿，梵蒂冈。

第 113 页　帕西尼亚诺，《米开朗琪罗向教皇介绍圣彼得教堂模型》，油画，1619 年。卡萨·布奥纳罗蒂，佛罗伦萨。

第 114 页　圣弗里亚诺，《两位男士的肖像》，油画。卡波第蒙特博物馆，那不勒斯。

第 115 页《布鲁内莱斯基》，徽章上的肖像。主教堂，佛罗伦萨。

第 116 页　巴尔达萨雷·佩鲁齐，《建筑远景画》，壁画，1515 年。法尔内西纳别墅，罗马。

见证与文献

第 117 页　雅各布·贝尔托亚，《一座圆形庙宇的建造》，建筑图。卢浮宫博物馆，书画刻印艺术馆，巴黎。

第 118 页　蒙塔诺，《尼姆方形神庙》，建筑图。国家图书馆，巴黎。

第 121 页　圣乔治 - 马焦雷教堂（建筑师帕拉第奥），威尼斯。

第 122 页　圣灵教堂圣器室的圆顶（建筑师朱利亚诺·达·圣加洛），佛罗伦萨。

第 124 页　蒙塔诺，《科林斯式柱头》，建筑图。国家图书馆，巴黎。

第 126 页　米开朗琪罗，《佛罗伦萨人的圣乔瓦尼教堂》(平面图)，建筑图。卡萨·布奥纳罗蒂，佛罗伦萨。

第 128 页　吉罗拉莫·达·克雷莫纳，《脚手架》，建筑图。主教堂，锡耶纳。

第 129 页　安东尼奥·达·圣加洛，《一座圆形庙宇的平面图和立视图》，建筑图。图片与版画收藏室，奥菲斯宫，佛罗伦萨。
第 130 页　皮耶罗·迪·科西莫，《朱利亚诺·达·圣加洛》，油画。海牙。
第 132—133 页　乌尔比诺公爵府的内院。
第 134—135 页　佛罗伦萨主教堂。
第 136—137 页　布洛涅公园的马德里堡，雅克·安德鲁埃·迪塞尔索的版画。国家图书馆，巴黎。
第 138 页　圣彼得教堂后面的圆殿，罗马。
第 139 页　耶稣教堂正面，罗马。

图片授权

（页码为原版书页码）
Artephot/Oronoz, Paris 27, 34g, 62-63, 91. Artephot/Bencini 28d, 35, 41b, 78. Artephot/Nimatallah 65, 83. Dr Wilfred Bahnmüller, Geretsried-Gelting 93b. Bibliothèque Nationale de France, Paris 13, 14-15, 20bd, 26-27, 45b, 77, 130, 136, 148-149. Bildarchiv Preußischer Kulturbesitz, Berlin 71b. Arch. Phot Paris / © Spadem 1995, Paris 30, 33h, 34d, 46-47, 50. Dagli Orti, Paris 15, 16, 25, 54, 55, 60, 76-77, 82, 82-83, 88, 98, 104-105, 108-109, 112-113, 116-117. D.R. 20h, 21, 22g, 36h, 41h, 45h, 50-51, 71h, 74-75, 80-81h, 81, 84-85b, 93h, 94, 106g. Electa 68-69, 104, 119h. Ecole nationale supérieure des Beaux-Arts, Paris 22-23, 39, 40-41, 42, 42-43, 44-45, 99, 100, 100-101, 101, 102h, 102b, 103h, 103b, 105, 106h, 106d, 107, 108, 109h, 109b. Fitzwilliam Museum, University of Cambridge 115h. Franco Maria Ricci 4e plat de couverture, 1-9. Gallimard 24, 63h. Gallimard/Dorling Kindersley 29. Giraudon, Vanves 94-95, 110, 113, 121. Giraudon/Alinari/Anderson 30-31, 48-49, 151. Giraudon/Alinari 76, 146-147. Giraudon/Hanfstaegl 142. Lauros-Giraudon 36b. Magnum/Erich Lessing, Paris 37, 52-53, 53, 61, 86h, 86b, 87, 96-97, 128. Museum of Fine Arts, Boston 1er plat de couverture, 38. Réunion des Musées Nationaux, Paris 12, 16-17, 18-19, 22d, 46d, 92b, 118d, 119b, 129. Roger-Viollet, Paris 92h, 144-145, 150. The John and Mable Ringling Museum of Art, Sarasota 56-57. Scala, Florence dos, 11, 14, 17h, 17b, 20bg, 26, 28g, 32-33, 33m, 40, 46g, 48, 49, 51, 52, 58h, 58b, 59, 60-61, 63b, 64, 66, 67h, 67b, 70-71, 72, 72-73, 78-79, 79, 84-85h, 88-89, 89, 90h, 90b, 95, 111, 112, 114h, 114b, 115b, 118g, 120, 120-121, 122-123, 124h, 124b, 125, 126, 127, 133, 134, 138, 140, 141.

原版出版信息

DÉCOUVERTES GALLIMARD
COLLECTION CONÇUE PAR Pierre Marchand.
DIRECTION Elisabeth de Farcy.
COORDINATION ÉDITORIALE Anne Lemaire.
GRAPHISME Alain Gouessant.
COORDINATION ICONOGRAPHIQUE Isabelle de Latour.
SUIVI DE PRODUCTION Perrine Auclair.
SUIVI DE PARTENARIAT Madeleine Giai-Levra.
RESPONSABLE COMMUNICATION ET PRESSE Valérie Tolstoï.
PRESSE David Ducreux.

LA RENAISSANCE DE L'ARCHITECTURE, DE BRUNELLESCHI À PALLADIO
ÉDITION Frédéric Morvan.
ICONOGRAPHIE Maud Fisher-Osostowicz.
MAQUETTE Catherine Le Troquier (Corpus),

Christophe Saconney (Témoignages et Documents).
LECTURE-CORRECTION François Boisivon et Catherine Lévine.
PHOTOGRAVURE Lithonova.

译后记

14 世纪至 16 世纪的文艺复兴是一场最早开始于意大利，后来相继在西欧各国发生的文化革新运动。作为一次新文化新思想运动，文艺复兴堪称人类历史长河中一个光辉灿烂的时代，这场运动不仅在绘画艺术上产生了深远的影响，而且波及建筑、雕塑等多个领域。

本书作者对文艺复兴时期建筑艺术的创新与变革进行了深入的研究，围绕着一个“新”字从各个方面揭示了建筑艺术复兴的精髓所在。文艺复兴时期的建筑扬弃了中世纪时期的哥特式建筑风格，对于古代建筑要素与风格进行了细致的探索，并重新发现和建立了新的建筑原则。在建筑的布局、门窗的排列、对称的设计、和谐的比例等方面进行了全面的革新。建筑艺术的复兴就像一门新的语言的建立一般，除了在语法规则上出现了新的变化，而且在词汇方面即建筑要素上也发生了重大的创新，柱式原则的重新确立为新型建筑的出现奠定了基础，圆顶、鼓座、装饰手法等又开创了建筑艺术的新风格。此外，文艺复兴时期的建筑类型也发生了重大的变化，虽然教堂与宫殿建筑依然占了主导地位，与中世纪时期相差不大，但新的建筑类型的出现体现了文艺复兴建筑的一个重大进步，宫殿、别墅、医院、城堡和公共广场等新型建筑相继出现，建筑形式的多样化呈现出前所未有的盛况。文艺复兴起源于意大利，但其影响遍及整个欧洲，作者在探讨建筑艺术复兴的过程中，并没有将目光局限于意大利，他还向我们展示了法国、德国和西班牙等国家在建筑方面的发展，特别是法国和德国的城堡、西班牙的宫殿等，作者均做了详细的描述。

文艺复兴的新思想新文化也使建筑从单纯的经验技术上升为一门科学，众多建筑师从古代建筑中汲取养分，在实践中积累经验，纷纷著书立说，发表出版了许多专业著作。专业书籍的出现与增多推动了建筑艺术的进步，促进了建筑理论的发展和建筑知识的传播。这一时代的著名建筑师如阿尔伯蒂、塞利奥、维尼奥拉、帕拉第奥等均对建筑理论做出了不可磨灭的贡献。他们的建筑著作也为以后优秀建筑师的诞生提供了丰富的教材。建筑艺术作为一门新的科学，受到了人们的重视，新学科的建立逐渐将建筑师与中世纪的建筑工头区分开来，从而建筑师也成了一种受人尊敬的职业。

本书以比较通俗的语言生动地介绍了文艺复兴时期西欧建筑艺术的复兴，并把该时期的建筑置于当时西欧各国社会发展的大背景中，为读者描绘了一幅真实的历史画卷。译者在翻译过程中参阅了众多有关建筑的书籍，以丰富自身在建筑方面的知识，尽可能使译文做到准确无误、清晰明了。由于译者的水平所限，书中的谬误之处在所难免，敬请专家和读者指正。

在本书的翻译过程中，得到了曹德明教授的悉心指导和大力帮助，在此深表谢意！

译者

图书在版编目（CIP）数据

文艺复兴的建筑艺术 /（法）贝特朗·热斯塔兹（Bertrand Jestaz）著； 王海洲译 . — 北京 : 北京出版社 , 2024.7

ISBN 978-7-200-16103-8

Ⅰ . ①文… Ⅱ . ①贝… ②王… Ⅲ . ①文艺复兴－建筑史－欧洲 Ⅳ . ① TU-095

中国版本图书馆 CIP 数据核字 (2021) 第 008960 号

策 划 人：王忠波　向　雳　　责任编辑：白　云　王忠波
责任营销：猫　娘　　责任印制：燕雨萌
装帧设计：吉　辰

文艺复兴的建筑艺术
WENYI FUXING DE JIANZHU YISHU
[法] 贝特朗·热斯塔兹　著　王海洲　译　曹德明　校

出　　版：北京出版集团
　　　　　北 京 出 版 社
地　　址：北京北三环中路 6 号　邮编：100120
总 发 行：北京伦洋图书出版有限公司
印　　刷：北京华联印刷有限公司
经　　销：新华书店
开　　本：880 毫米 ×1230 毫米　1/32
印　　张：5.25
字　　数：148 千字
版　　次：2024 年 7 月第 1 版
印　　次：2024 年 7 月第 1 次印刷
书　　号：ISBN 978-7-200-16103-8
定　　价：68.00 元

如有印装质量问题，由本社负责调换
质量监督电话：010-58572393

著作权合同登记号：图字 01-2023-4216